# 1/25秒的智慧

## 瞬间的心灵穿越

张荣妹/编著



哈尔滨出版社
HARBIN PUBLISHING HOUSE

**图书在版编目（CIP）数据**

1/25 秒的智慧 . 瞬间的心灵穿越 / 张荣妹编著 .—
哈尔滨：哈尔滨出版社，2011.9
（“微表情心理学”丛书）
ISBN 978-7-5484-0653-2

Ⅰ. ① 1… Ⅱ. ①张… Ⅲ. ①表情—通俗读物 Ⅳ.
① B842.6-49

中国版本图书馆 CIP 数据核字（2011）第 113898 号

**书　　名：1/25 秒的智慧——瞬间的心灵穿越**

**作　　者：**张荣妹　编著
**责任编辑：**李金秋　姚春青
**责任审校：**陈大霞
**版式设计：**邹佳彤
**封面设计：**蒋宏工作室

**出版发行：**哈尔滨出版社（Harbin Publishing House）
**社　　址：**哈尔滨市香坊区泰山路 82-9 号　　**邮编：**150090
**经　　销：**全国新华书店
**印　　刷：**北京佳顺印务有限公司
**网　　址：**www.hrbcbs.com　　www.mifengniao.com
**E-mail：**hrbcbs@yeah.net
**编辑版权热线：**（0451）87900272　87900273
**邮购热线：**4006900345　（0451）87900345　87900299
或登录蜜蜂鸟网站购买
**销售热线：**（0451）87900201　87900202　87900203

**开　　本：**787 × 1092　　1/16　　**印张：**15.5　　**字数：**175 千字
**版　　次：**2011 年 9 月第 1 版
**印　　次：**2011 年 9 月第 1 次印刷
**书　　号：**ISBN 978-7-5484-0653-2
**定　　价：**26.80 元

# 前 言
FOREWORD

当一个陌生人站在你面前时，你如何利用有效的几分钟，甚至几秒钟，来了解对方的为人？怎样迅速找到他的喜好，拉近彼此的距离？怎么判断他所说言论的真实性？

大多数人都是依靠第一印象来建立对对方判断的基础，得出答案，但事实上只靠第一眼的表情观察、言语倾听，根本无法在短时间内真正了解他人的想法。因为有很多人善于伪装：也许嘴上带着笑容称赞你，心里却在连篇累牍地咒骂；也许已经做了 NO 的决定，却哈哈大笑说有兴趣继续合作……这些人用比专业演员还要更自然的技巧努力隐藏起自己的真实情绪，只要稍不留神，就会掉进对方精心设计的“圈套”。

杜绝“圈套”，绝杀对手，最有效的方法是注意对方的微表情。所谓微表情是人们在试图隐藏某种情绪时无意识做出、短暂呈现的面部表情，其中也包括一些细微的不易察觉的肢体动作。微表情通常会在人们的情绪产生急剧转变时出现，与一般的面部表情不同，微表情是无法伪装的。它就是人们内心情绪的一个“在线阅读器”，一张陌生的脸孔下面有什么样的活动内容、情感表达，都可以通过微表情一览无遗，因为微表情能够完全反映出人类共有的七种情绪特征：憎恶、生气、惊恐、伤心、开心、惊讶、蔑视。尽管有学者证明它在 1/25 秒内就会一闪而过，但只要你掌握了窍门，细心观察，依然可以把这转瞬即逝的 1/25 秒变为强大的绝杀力——令对手无处遁形。换句话说，从商场谈判、求职面试到日常交流，谁懂得掌握微表情，谁就掌握了成功的主动权！

这本书收集了各种场合产生微表情的情形，并结合实际情况加以详细说明，手把手教会你捕捉陌生人的微表情、分析微表情、判断微表情，让你短时间内成为一把高倍数的“阅读放大器”，从陌生人的眉毛抖动、嘴角不经意的一撇、手臂的下意识抱紧中，洞察一切可能没有隐藏好或者故意暗示的信息。一旦这个放大器像嗅觉灵敏的警犬一样捕捉到这些细微的动作，你就会发现：读懂人心不再是难事！

# 目 录
contents

## 第一章 头头是道：看头明态度

## 第二章 眉来眼去：眉眼高低诉隐情



## 第三章 口是心非：无法对你说谎的嘴

## 第四章 笑看风云：不同的微笑不同的含义



## 第五章 魔术手臂：他的心思手臂最知道

## 第六章 姿势语言：坐姿和站姿传递的信息

## 第七章 弦外之音：语音语速背后的秘密

## 第八章 有趣空间：身体间距离的和谐与危险

1/25秒的智慧

# 第一章

## 头头是道：看头明态度

头部是人体最重要也是最明显区别于他人的一个器官。头部的核心——大脑主宰着整个人的肢体与精神生活。乍看之下，这些动作似乎都是在内部那些精密的器官内自主完成的高速运动，与外部绝少关联。实际上，大脑的信息还需要依靠五官和四肢的行为传递。一些寻常的头部动作有时也暗藏了很多玄机，甚至在一定程度上，信息传递比语言来得更为准确。

## ① 喜欢拉扯头发的人个性比较鲜明

谁能想到一个看起来温柔秀气的女子做起事来却大刀阔斧、雷厉风行？

微表情是一个人内心情绪的流露，拉扯头发看似是“手头小事”一桩，实际上却是对方无意识传递自己感受、习惯的一些暗示。在人们做出的不同微表情之间或是微表情里，微表情的一闪而过恰恰暴露了对方自觉隐藏起来的性格。

小王有一个二十多岁的女经理客户，两人通电话三次，见面两次，小王就发现了一个特点：每次和女经理见面，对方总是会不自觉地用手拉一拉头发。这让小王想起古时候待字闺中的姑娘，她们见人的时候，常常一脸羞涩地拉着辫子。还是单身的小王不禁浮想联翩：看来这女经理还挺随和，面对自己还有点儿害羞，莫非是看上了自己？若真如此，谈不成这单生意，那倒也算收获。再次因商见面的小王因怀着这样的猜测，反倒在合作谈判中不知不觉降低了心理防线。但在最后一次的合同细节讨论中，女经理对着合同大刀阔斧、寸步不让的态度，却让小王大吃一惊。

喜欢拉扯头发的人，
个性比较鲜明。

是否大多数人都如小王一样觉得拉头发这样的小动作可能是对方害羞或者尴尬的表示？当然不是。

事实上，在不知不觉中喜欢不时拉扯或摸拽自己头发的人，大都性格鲜明、个性突出。如果对方是男性，爱憎分明的态度则更为明显。这类人往往有猎奇心理，偏爱冒险，同时还拥有善于思考、做事严谨的特点。

杨兰长得清清秀秀的，是典型的南方女孩。每个与她第一次见面的人，无一例外都觉得杨兰是个说话和气、办事优柔寡断的人。但真正接触之后，百分之九十的人都会大吃一惊：因为无论是生活中的杨兰，还是工作的杨兰，都是有口皆碑待人豪爽的“贤妻”和“一姐”：不仅不拘小节，爱憎分明，而且还爱打抱不平，虽然常常“爆炸”，但是情绪来得快走得也快，看似粗糙，一旦认真起来却又十足地认真、细致。纤弱的外表和豪放的性格这一绝妙搭配令不少人都好奇她的丈夫兼同事徐明当初是怎么发现了这块反差这么大的“瑰宝”的。而对于徐明来说，发现妻子这一反差却完全是意料之中的事情。

早在两个人因为工作常常接触的过程中，徐明就发现妻子有一个特别的习惯——每次作决定时都习惯伸出左手不经意地拉扯一下耳畔的长发，咬咬嘴唇。而这个“拉头发”的动作每每都能帮助徐明快速了解妻子的真正想法，最终俘获芳心。

从上面的这些例子可以看出，被人们置于装饰地位的简简单单的头发其实也有自己的“表情”。倘若你有心注意观察，你会发现头发的“表情”也很丰富。细心的观察者常常能从中看出一个人的性格端倪。比如，喜欢拉扯自己头发的人，一般做事干脆利索、有条理、有逻辑，富有智慧，善于扬长避短，这类人常常是企业中的核心人才。不过也有人说，很多上司都属于中年谢顶、发量偏少，拉扯不了头发，岂不是与此不符？其实，这类上司常常富于心计，能够顾全大局，做事情喜欢一丝不苟，善于创业、守业，尤其对待工作非常认真，对自己分内的事情具有很强的责任感。以上所述微有区别，不可一概而论。

有时拉扯头发的动作也会变成揉搓头发，这类人中有一部分心机较重，精于算计，缺乏气概和宽容心。

手指爱缠绕头发的人一般个性也较强，喜欢表现自我，尤以年轻女性为多，常能给他人带来惊喜。

头发的形状有时也可作辅助判断，如头发较粗的人常表现为个性倔犟、求生欲望浓厚，性情偶有暴躁；相比较之下，头发较细的人一般比较忍让，做事较偏向于妥协，发生争执时，易以一定程度的妥协换来最后的合作，但是，这类人体质也常偏弱。头发较多，乃至于身体其他各处毛发也较浓密的人，则比较富于执行力，性格温厚，较有人缘。

其实，在日常生活中，很多小动作常常会引起别人的注意。这个拉扯头发的动作，以及随之凸显的各种头发细节与关联，虽然听起来微不足道，但却能在危难的时候，让你迅速找到你想求助的人。

## ② 爱把双手放于脑后者有决断力

双手常常习惯放在脑后的人往往都很有决断力。

华隆公司的黄总身高 170 公分，体重 170 斤，横看、侧看都不是一个容易给别人留下深刻印象的人，嘴上没把门的年轻人总是暗地里叫他

"方块"，但就是这样一个其貌不扬的"方块"，却拥有众多的崇拜者，而这些崇拜者无一例外地都是被他干练的做事能力所折服的。再难以做决策的事情，再难于作判断的情势，只要交到这位老总手里，不出5分钟，总能迅速得到一个干净、利落又非常正确的决定。与这种快速作出决定的能力一起出名的还有他那著名的招牌动作：双手放在脑后，闭眼思考3～5分钟，睁眼，下决策，签字。

为什么双手放在脑后的人更容易作决断呢？从人的大脑皮层所显示的信息来看，人的双手在大脑皮层上所占的面积是最大的，几乎达到1/4到1/3。可以说手是人的第二大脑，手的高度灵活性是和大脑紧密联系在一起的。动手后的大脑循环会发生我们想不到的改变。尤其是当双手交叉置于脑后时，双臂此时最大角度地向后张开，使身体得到一种稳定的支撑，同时身体上半部分呈开放状态，身体与脑的相互平衡令人感觉压力快速缓解乃至消失，此时人的精神面貌也会为之一振，大脑也会比往常更加灵敏。

研究还表明：当手做简单活动时，脑部的血流量大约比手不动时增加10%。

当双手从事复杂、精巧的动作时，脑部的血流量则会增加35%以上。大脑的血流量增加了，也就有利于思维的敏捷。这也就是为什么大多数人会选择在休息或决策时做出这一动作的原因。

手和脑向来是不可分割的一对最佳拍档，可以说人的双手就是大脑最强大的"首席执行官"。当人处于思考状态时，大脑属于高速运转状态，为了让这种消耗与身体自身的运转维持相对平衡状态，其他身体器官常常会行"助理之职"，尤其以双手使用较多。多份研究统计发现了一个有趣的结果：双手支撑于脑后这一动作常多发于决策者身上，与此同时还有统计表明，当一个人苦思冥想、最终下定决心要做什么事情时，也常做出将双手置于脑后的动作。如果你想要释放压力，让自己从一种困境中一跃而出，不妨也试试这个动作，帮自己的大脑找到决策的时机。

大脑是一个人的生命与精神的核心所在，它好比是一颗你能看得到的“心脏”，双手就是向心脏不断灌输动力的水泵，多多练习手脑互动，可以让你的“心脏”更强大！

## 3 频繁摇头晃脑者显自信

在生活中，我们可能会遇到这样的人，他们在与人交谈的时候，经常摇头晃脑，头部动作非常频繁。喜欢做这些小动作的人一般都比较聪明，做事情总是很有自信。

小王从小就有点儿大舌头，说话常咬舌，一着急还有点儿结巴，尽管如此，小王却是一个特别喜欢说话的人。他不仅话多，还有个小习惯，就是一说到高兴处就爱摇头晃脑，或夸张地点头，或重重地摇头，有时还会情不自禁地捶打别人的肩膀手臂，总之全身都在为说话“伴舞”。

同部门的小刘是个又高又白的小伙子，说话倒不结巴，可是偏偏在小王面前，总显得气势弱了几分。小王个矮点儿，说话又爱停顿，常见他仰着头对着小刘指手画脚地比画，喋喋不休，即使碰到自己不熟悉的话题，也一样声高嗓门大地敢说敢论，活像个记者，小刘反倒是常常低头默不作声，即使是很在行的事情也一样竖起耳朵仔细聆听。

根据体态学我们可以知道，常常“摇头晃脑”说话不利索的小王其实是一个非常自信的人。因为体态学中有一个经过多次调查研究得出的结论：头部动作频繁的人大多都很自信，以至于经常唯我独尊。而那些常常瞪大眼睛，以用力的点头或摇头来表达赞成或反对意见的人，更是爱憎分明，比较固执。这类人不大容易接受不同观点，内心追求万事无瑕疵，有比较强烈的完美意识。工作中，这类人通常会对别人的工作多有挑剔，有点儿小独断，凡事愿意根据自己的意愿进行操作。偶见随和态度，恐怕也是怀了点儿小心思，比如想从别人做事的过程中获取点儿灵感、启发之类。

不过并不能一概而论，有一些特定的摇头晃脑的动作也有其各自独特的含义，比如通常认为摇头时紧抿嘴唇的人，比较爱表现自己，做事有一股子冲劲，但让人觉得有活力的同时，也常会遭到他人的厌恶。古时教书先生吟诵诗歌到兴起，常入无人之境，摇头晃脑，这种情况下的摇头晃脑则是为了帮助大脑对文字进行理解记忆。现代社会中有非常明显的摇头晃脑动作读书的人已经比较少见了。一般人都以摇头或点头表示赞成、反对或喜欢、厌恶，似乎看不出什么特别含义。但只要稍加注意，你就会发现，有很多人在与别人谈话或者发表讲话时，头部动作较多，比如左顾右盼，频繁交换做着各种动作，尤其是想要表达自己的意见或内心的强烈情绪时，常常自创些加强版的动作，如用力地甩头、幅度更大地抬头等，这种情形也可以归为“摇头晃脑”一类。

头部语言就是通过头部活动表示特殊意思的一种体态语，如点头、摇头、侧头、低头等。头部是一个人身体器官中的重点所在，因此，它的表现力也是较强的。很多成语就明显体现了这一点，如俯首帖耳、昂首挺胸、交头接耳、点头哈腰等等，非常形象地反映了头部语言的特性。

我们最常见的点头和摇头是摇头晃脑动作中最为基本的身体语言，同时也是含义较多、也较为复杂的身体语言。在不同的文化与风俗习惯中，点头和摇头有不同的含义。

在大部分地区，点头都表示赞成、肯定、接纳、满意、理解、顺从、问好等意，摇头则表达相反的意思，如批评、否认、反对、疑惑、反抗、告别等意思。不过随着人们接触和交流的增多，人们渐渐发现在一些文化习惯不同的地区，这两种动作的意思则完全相反，如在印度、尼泊尔、巴基斯坦等地，人们通常用点头来表示否定、反对，用摇头表示肯定、支持。

作为一种被广泛使用的身体语言，个人在和他人交际过程中，要注意控制好自己无意识的头部动作，适度表现，只要能得体地正确地表达出自己的意思即可，不可因为兴奋、激动等因素表现得过于强烈，以免让他人产生不适感，取得适得其反的效果。

## 4 抬头向上表示对你很感兴趣

当人们集中精神听对方讲话时，头常会不自觉抬起。有时，这种抬起并无特别的含义，如果对方只是将注意力放在倾听上，并无态度表示，通常头部会与谈话者基本处于一个水平线上。随着谈话的继续，抬头的姿势会一直保持，人们只是偶尔轻轻点头，以示他们正在注意听。

忙忙碌碌的生活中，刘刚不知不觉迎来了单身生涯里的第 33 个年头。为了早日帮助他找到自己的另一半，亲戚好友，包括同事都全力出动为刘刚制造各种各样的相亲机会。但奇怪的是事情总是功亏一篑，每次刘刚表示对对方很有好感的时候，女方都表示双方不对路。问题究竟出在哪里呢？

在一次的相亲见面中，一直陪在刘刚身边的好友发现了一个问题：无论女方说什么话题，刘刚总是在左顾右盼，时而低头，时而左右摆动头部，显得坐立不安。让人感觉他急于结束不感兴趣的谈话早早离去。刘刚知道自己这个无意识的动作之后，又委屈又头疼，其实自己不是对对方没兴趣，而是因为紧张不敢长时间注视对方而已。他单纯地担心自己情不自禁地注视会引起对方的不悦，让姑娘对自己反感，却从未想过竟然会被误读为没有意思，这可怎么办呢？

为了彻底改掉刘刚这一紧张动作，好友教给刘刚一个小动作：在听别人讲话时，练习将自己的头部微微抬起，眼睛逡巡在对方眼眉与鼻子之间，间或搭配一些点头和称赞的词语。

这一招果然很管用，不久后，刘刚就顺利和一位自己中意的女孩展开了愉快的约会。

如果人们对话题失去兴趣，常会将头转向其他地方，不过大部分人会出于礼貌或其他因素，刻意控制头部不动，而转用眼神与嘴角代替头部进行“转移动作”。

当你明显注意到与自己谈话的人的头部随着谈话进程有微微抬起，高于基本水平线的情况时，你可以大为放心，因为这一小动作表示对方正对你所说的话或所表现的行为很感兴趣。

如果对方有很大幅度抬头向上的动作，且伴有轻微的点头或眼睛的注视，那毫无疑问，他正对你表现出自己的赞赏与进一步交谈的希望。

$\frac{1}{25}$秒的智慧

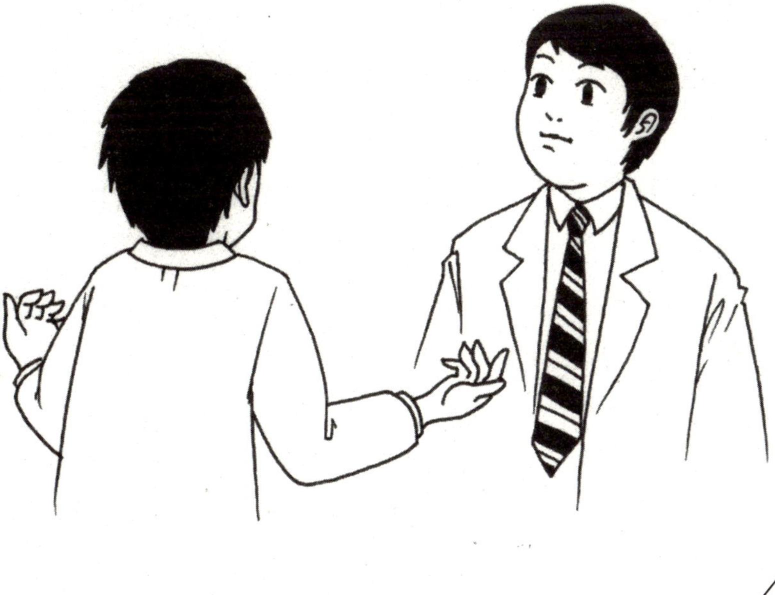

抬头向上表示对你很感兴趣。

抬头常表现出一个人充满信心，踌躇满志，如果头部抬得很高，且有后仰趋势，就表示有陶醉、开心之意。鲁迅先生在《从百草园到三味书屋》中描述的那位老先生，就常常一边念着“铁如意，指挥倜傥”句，一边“将头仰起，摇着，向后拗过去，拗过去。”

注意：抬头时，如果还配合下巴、眼神的动作，也可能是表示傲慢、自满。据说英国前首相玛格丽特·撒切尔夫人就习惯用抬起的头配合高昂的下巴展现自己桀骜不驯的个性。根据这一微表情判断他人的心理百试不爽。如果下次你发现与自己面对面讲话的人不自觉地昂起头，同时下巴向外突出，那很可能表示他正盘算着想在你面前树立起自己的威风，想用自己的强势压倒你。因为昂头突下巴这个动作很容易地暴露出了一个人脆弱的喉部，并且昂头可以让自己的视线处于更高的水平，这样就能在心理上和视觉上以强势的态度俯视他人，造成一种压迫感。这个时候，你不妨尝试放慢一下讲话速度，起身去倒杯水，让对方情不自禁地跟着自己放松。这种强势情绪，就势破解。

人在高兴、充满信心时，也会不自觉抬头挺胸，这个动作会使整个人看起来都很有精神，而人在沮丧、缺乏信心时，则会无精打采，走路缓慢无力。众所周知，演员周星驰就常用这样夸张的动作来对观众展现电影中人物的得意与失意。这可不只是夸张的表演技巧，多项调查结果显示：抬头向上看确实更容易为人带来好情绪、好精神。抬头不仅能为自己带来较好的情绪、状态，对于别人来说，适度地向上抬头也意味着是一种热情、鼓励力量的传递。因为，人在向上抬头时会挺直腰板，双肩自然打开，让人感觉非常有活力，而低头的动作大多给人无精打采的感觉。有一项研究显示，昂头甩手大步行进比低头小步移动的人更容易感到心情舒畅、精神饱满。

细心一点儿也许你还会发现，低头往往容易让人产生被忽视的情绪或批评性情绪，如果你所面对的人不愿意把头抬起来或者总是向一侧倾斜，那么你可能就会花更多时间来考虑对方究竟对自己的讲话是什么想法、怎么理解。如果你发现在自己讲话时，所面对的人听得津津有味，并且慢慢头部抬起且前倾，毫无疑问，对方的这个小动作会鼓励你用更多的热情与勇气将自己的观点阐述得更为详尽。

了解了上述技巧，下次，当你面对这种对方没有热情的情况时，不妨试试向那些态度积极的演讲家学习一下：主动采取一些方法，比如插入一个小笑话，一个与对方相关的小话题来扭转这种无精打采心不在焉的状态。因为这样的“插播”或“目的性的中断”可以吸引大部分人抬起头来，把他吸引到自己的话题中，这种交互行为可以唤起彼此更加积极投入的情绪与态度。

## 5 头部前倾的人对你无心理设防

在拍照时，拍照师说得最多的一句话除了“笑一笑”，就是“向前看，头微微向前”，为什么要单独强调头微微向前呢？这是因为在微表情学里，头部微微前倾通常能让人的精神与表情显得更为柔和，具有亲和力。在日常交往中，这一点也同样可用来判断对方是否愿意与你共享一些私密信息，是否在那一刻是你的真正盟友。

小刘和小伟是新认识的同事，两个人同一天报到，同一天进的公司，自然而然就组成了一个新人二人组。小刘很能说，小伟有点木讷。

新人入职，有点儿烦恼抱怨什么的，也常常是小刘在一边大声说，小伟在一旁静静听。

有一天，一个同事悄悄地提醒小刘："别看小伟不说什么话，说不定你说的他都记着，哪天万一你俩闹矛盾了，给你翻旧账，那你不得吃不了兜着走。"

这是不少职场人都会遇到的事情——无法判断对方是敌是友。所谓"知人知面不知心"，大部分人都清楚单靠语言交流并不能百分百正确地了解别人的真正想法，所以这似乎是一个无法破解的"技术性难题"。但对于微表情专家来说，这个不可能完成的任务完成起来却易如反掌，因为他们有瞬间看穿人心的完胜方法——观察微表情。要知道，一个人要向外界传达完整的信息，单纯的语言成分只占 7%，声调占 38%，另外的 55% 的信息都需要由非语言的体态——即肢体语言来传达。肢体语言通常是一个人下意识的举动，它很少具有欺骗性，因此也常常最可信。

仔细观察那些正在进行谈话的人，你会发现行为人借助肢体动作表达内心情绪时，经常并不自知。那些在外人看起来非常明显而频繁的小动作，如皱眉、眨眼、皱鼻、摸耳朵、拉扯头发、点头、摇头、习惯性手势等等，多半都是当事人的无意识动作。因此，也正是基于这种观察，心理学家进行了一系列的调查研究，并从中发现：当一个人与别人说真话，表示亲近态度时，身体常常无意识向对方靠拢；相反，当一个人与他人之间自感不合拍，或说假话时，身体就会后仰，离开对方较远。反过来验证也一样。根据这一发现心理学家继续观察，于是发现了更有趣的情况，那就是：当一个人在头部经常不自觉向前倾向他对面的人时，那他多半没有设防心理，对对方所说的话比较感兴趣，并且很乐于分享自己的心得想法。

为什么会有这样的无意识动作呢？这是因为，人的身体中，除了头部，其他器官都相对而言具有自卫功能，头部是一个人的肢体中最容易受到致命伤害的地方。如果一个人对另一个人心中充满警戒，最先远离这种危险的器官必定是头部，至少会不自觉地微微偏向外侧，随时有躲开的机会。相反，如果最容易受伤害的地方最先暴露在别人面前，至少表明他并没有将自己放在对方的对立面上。因此，我们就不难理解，为什么当一个人对他人感到放心，有兴趣时，会无意识地头部前倾了。

下次，当你发现谈话伙伴突然趴在桌子上，倾身向你靠近时，那就是你已经提起他的兴趣，到了需要快马加鞭，乘胜追击的时候了。

## 6 频繁点头不一定是肯定

在大多数地区，点头通常都表示肯定。如果碰到对方频频点头——注意，你可不要马上沾沾自喜，以为成功在望了，因为频繁点头并不一定代表肯定。有的时候，过于频繁的点头反倒可能暗藏着失败。

经朋友介绍，刘磊有幸参加了一个著名企业的面试，他对这份工作仰慕已久。面试前，刘磊作了很多准备，还专门向朋友询问了不少可能会涉及到的细节。面试当天，刘磊信心满满地去了公司，三个面试官依次向他提了几个问题，刘磊边回答边注意对方的反应。在回答不同问题时，三个面试官都有频频点头的动作。面试结束后，刘磊心情大好，就等着 OFFER 自动送上门。

但是，一个星期过去了，对方仍然毫无音信，刘磊只好打过去电话进行询问，这一问才发现，对方的招聘工作早已经结束了，而自己已经落选了。

放下电话，刘磊很郁闷，他想来想去想不明白：面试当天，面试官对自己的反应都不错，但为什么自己最后却落选了呢？

其实，刘磊所面对的问题也是很多人都遇到的问题。点头的动作在大部分文化中都表示肯定或者赞成的态度。但恰恰是全社会约定俗成的动作常常让人无法理解，这是因为频繁点头并不一定就是全面肯定。

点头的频率确实能够显示出倾听者的耐心程度，缓慢有序的点头动作表示对方对谈话内容很感兴趣，相反，快速的点头动作等于是在告诉说话人；快点结束吧，我已经不想再继续听你说了，或者是暗示说话人尽快结束发言，以便给自己一个表达观点的机会。刘磊所看到的面试官的点头动作就可能属于这一类情况。

除此之外，还存在这样一种状况：频繁点头的一方所肯定的是自己的推测，否定的是他人的观点。

对于招聘经验非常丰富的面试官来说，衡量一个人是否适合其所应聘的职位，需要考虑很多条件，面试者的语言、动作、表情等，对于他们而言是一个综合评价值，在听取面试者回答阐述的过程中，他们可能会综合以上这些因素作出一个基本判断或推测。当这些判断推测还不能确定时，对方就会更加认真地观察、用心地倾听与梳理，去作最终的选择。一旦他们发现自己的判断是“果然如此”“确实如此”的结果，出于满足心理，便会情不自禁对自己的正确考虑作出下意识的肯定——点头。发现越符合自己的判断，越肯定自己的想法，越下意识点头。他们或许还深知这样的点头不仅能无意识强化自己作出中意的决定，还能有意识地给对方留下一个彬彬有礼、兴趣盎然的好形象。

# 频繁点头，不一定是肯定。

一个点头动作包含这么多的含义，那么我们在谈话中发现对方有这样的情形时，该如何适当表现赢得他人进一步认可自己的想法呢？

你可以这么做：发言时，可以暗示自己面对倾听者刻意地做出点头的动作。这种点头表示了你对自己的承认，会让个体受到无形的暗示，体验到积极的情绪，而与他人的这种“动作信息交换”，则会唤起对方对你的兴趣，百分之九十接受到谈话者点头信息的人，都相信自己正在被对方重点注视，并且相信对方正在专注地向自己单独作信息说明。这让倾听者感觉自己正在接受无与伦比的关照，增强了倾听谈话的兴趣与耐心。

点头的动作还具有相当的感染力。如果有人对你点头，你通常也会向他回报以点头的动作——即使你并不一定同意他的观点。毫无疑问，这说明积极的情绪能够引发点头的动作，而点头的动作也能唤起积极的情绪。这两者之间存在着双向的因果关系。

此外，适当的点头还能够激发合作与肯定的态度。请记住：当你向对方表示自己的回应时，不妨试试轻轻点头五次，频率大致保持在一秒钟一次足够，否则过犹不及，太过频繁的点头可能会令老到的谈判者心生疑虑。一般情况下，在你点第四次头时，对方会再次开始说话，提供更多的信息。

## 7 侧头露脖说明你很有说服力

倾听他人谈话时，如果感觉对方说得对，符合自己的价值观世界观，人们通常会情不自禁地点头配合，给予肯定。如果一个人讲话非常有说服力，能把很固执的人也说动，通常被说服的人会侧头露脖，传递出自己被说服的信息。这也是一个典型的肢体语言，通常在女性身上或者大型会议场所的观众身上所见居多。

专门教授经济学原理课程的韩教授是一个极具魅力的人，面对各种复杂枯燥艰涩的数据，只要他一张口，就能讲得生动有趣，令人由衷佩服。因此，只要是他的课，课堂人气就会高涨，总会有大批学生慕名而来。韩教授的课堂上呈现出这样的景致：无论是坐着的站着的蹲着的，全都侧头露脖，一律一脸感兴趣的状态，听到高兴处，有的人还前仰后合，拍手鼓掌。为什么这么多人热衷于一门普通又稍显一些艰涩的课程呢？来听课的学生无一例外地表示："读十本书不如听韩老师一句话。"

侧头露脖的动作常常暗示他人很有说服力。脖子也是人体最无防御力的部位之一，如果一个人对他人完全露出自己的脖子，那么相信他是向对方传递这样的意思："你说得很有道理，我完全相信你。"

即使对方不频繁或用力点头，只要配合露脖子的动作，把头部微微向一侧倾斜，也可以明确地表示出讲话人的话对做出这个动作的人来说是很有说服力的。

一般而言，侧头是一种顺从的表示，这个姿势不仅暴露出人们脆弱的喉咙和脖子，还会让人显得更加弱小和缺乏攻击性。

科学家达尔文在研究中发现：当人们对某件事情感兴趣时，常会把头部微微歪向一侧，这一点尤其以女人表现得更为明显。女人很懂得利用这样的姿势去赢得男人，尤其是中意的男人的喜欢，因为经过长期实践，她们已经明白一个毫无威胁感并且看起来非常温顺的女人会对男人很有吸引力。

关于侧头露脖能够让他人深信自己很有说服力的证据，还有过去几百年间的一些画作。在这些画作里，有为数很多的女性形象都是头部倾斜，露出自己修长的脖颈。

保持这种姿势的画中人形象的数量是那些仅仅保持头部倾斜的画中人形象数量的三倍，毫无疑问，画中人和作画者都深信这一侧头露脖的姿势能让画面看起来非常温和而舒服，让赏画人对画面流连忘返。观察仔细的人可能会发现，闻名世界的达·芬奇画作《蒙娜丽莎》，带着神秘微笑的蒙娜丽莎也是一副侧头露脖的样子，这就是以上结论最好的证明。你或许还可以抽时间仔细观察下每天上下班时你路过的一些广告海报，或者注意一下电视广告中人物的造型，有数量统计，在广告海报中歪着头的明星是不歪头明星的数倍。这再次充分证明：大部分人都能体会到侧头露脖所传递出来的顺从与肯定意义。

不过，有一点儿值得注意：如果你是一位商界人士，正面临一个重要的谈判，并且想要在谈判中展现出自己的强势，让对方甘拜下风，那提醒你一定要注意不要轻易做出这一动作。如果想不卑不亢赢得谈判，不妨有意识地始终保持头部直立的姿势；相反，如果你是正在求职的面试者，那建议你不妨参考学习一下这个动作，在适当的时机，比如听面试官讲解工作岗位或者对你发表观点时，尝试自然地不露痕迹地做一下这个动作。如果你的面试官看到自己的听众歪着头，身体前倾，他会确信自己的发言相当具有说服力，有了这样的好心情不怕他对你没有好的印象。

同样，如果想让他人认为你对他所说的话深信不疑，且非常感兴趣，不妨也试试做做这个动作，如果你想让自己表现得更加真挚，可以试试配合适当的点头动作。

## 8 爱扬头露额的人大多很包容

额头是最能显示人的脸部轮廓的部位。说话时爱扬头向大家展示自己额头的人通常都很自信，对人对事很包容。

爱扬头露额的人一般都拥有比较宽阔的额头，五官棱角清楚且明显，容易给人留下较为深刻的印象。

中国有句古话叫做“将军额头能跑马”，这就是说，高额头的人通常都很聪明，心胸开阔。

额头宽阔的人给人感觉比较大气，容易被他人接受，面对争执，往往会妥协相让，倾向于双方的得失平衡，容易与别人达成一致意见，这种人容易成为一个单位里的领导者或者是后备的领导干部。相比较而言，额头窄小者做事就比较小心，容易错失良机，后者应该有意培养自己当机立断的工作作风。

额头宽阔的人有时行动力会比较弱，个人比较看重思维和精神生活，许多事并不与人计较，个人色彩浓厚，对于物质生活追求不高，有时难免对事情的看法存在不切实际的理想主义期盼，因此这类人常常和现实生活有不容易调和的矛盾纠纷。

爱扬头露出额头的人视野的关注点总是集中在自己的理想或者目标上，不会斤斤计较于日常琐事。

习惯头部上扬的人通常自视甚高、傲慢而唯我。女人如果有这种表现，或许是因为她们自身的条件一般都不错，追求她们的男人又比较多，所以这类女人对男人的要求也会相应提高，却很少能够真正体谅男人的一片苦心。

司马迁在《史记》里曾经这样评价一个成大事的人：“大行不顾细谨，大礼不辞小让”，胸怀宽广的人总是不拘小节，能够随时把眼光控制在大目标上，让小事情为大事情服务。拥有宽阔胸怀的人的额头一般视觉印象比较分明，额头轮廓突出，五官自然随意，不会给人一种犹豫不定的感觉。爱扬头露出额头的人，如果额头本身很高很饱满，那一般来说他们的智商都很高，比较聪明，额头眉骨格外突出的男士通常都有一股傲气，不服输，喜欢争斗。

拥有宽阔心胸的人通常都会对人生抱有一种积极向上的看法，一般来说他们可以非常娴熟地驾驭自己的心情，而不会轻易被环境所左右。胸怀宽广也是一个人成功的标志，心胸狭窄的人眼里容不下一粒沙子，不允许别人有一丝一毫的错误，得失心很重，不能接受他人善意的批评，这样的人只能活在自己的世界里，不具备成就事业的起码素质，很难想象这样的人会取得成功。

据以上种种可知，说话时爱扬头露额的人通常都很有自信，对人对事也很包容。当我们在与这样的人谈话时，心情会极为舒畅，交谈会比较自由，比较容易接受对方的意见，会很快达成一致，事情会进展得很顺利。

那些在职场中还依然酷爱留厚重刘海儿的女士不妨顺便检查下自己的额头，是否厚重的头发遮挡自己的额头太久，而不经意间错失了一些机会呢？

如果额头不是必须要隐藏起来，不妨试试把头发向后梳起，尝试一下经常亮出自己的额头吧。好运说不定就在你身边。

## 9 轻拍头表示不是很在意

如果你拜托别人办一件事，但是却没想到他把这件事给忘了。当你问起他进度如何时，他用手连拍几下脑门，大呼“忘了”。

这个时候，你要如何判断他的真正意思呢？是真忘了还是装腔作势地应付与交差？

这种拍打自己脑门的方式似乎是用责打自己的动作来表示十分的懊恼和歉意。尽管用手拍击头部的动作常被视为健忘的象征，但仅凭这个动作就轻易相信对方所说的话还是太有风险。

判断的关键是要仔细观察在对方拍打自己的头部时，拍击的是前额还是后颈。如果他拍自己的前额，那说明他对自己的健忘并没有特别在意，也不太担心你会兴师问罪。可如果他拍打的是后颈，那就表示你的提问已经让他的脖子后面起了鸡皮疙瘩。所以，虽然他是在责打自己，但他的心里实际上是在烦你。

李锐有两个习惯让大家又欢喜又无奈。让人欢喜的习惯是，他对别人请求帮忙的事情，从来不说“不”，而总是习惯性地说“有事儿您说话”“多大点儿事啊，包在我身上，我来解决”。认识不认识的人都对李锐这种大包大揽的古道热肠满怀感激之情。

但另一方面，也让认识李锐的人颇为头疼，那就是他总是忘记自己承诺过的事情，对自己没做到的事情总是怀着十二万分抱歉的心情，虽然把事儿耽误了，可是这种认错态度却让人怪不得恨不得。

瞧，力敏兴匆匆地走过来询问李锐前天答应自己的事情办得怎么样了，结果不出同事预料，李锐果然一副恍然大悟的样子，右手情不自禁地拍打了一下自己的额头，惊呼道：“啊，我忘了。这两天实在太忙，我实实在在忘得一干二净了，实在抱歉啊。”

看着李锐责备自己这么真诚，心急如焚的力敏也不好意思再责怪李锐，但是事情没办成，工作上又要求有结果，这尴尬的局面实在让力敏无力再注意什么。“看来，他真的是忘了，只能怪我自己太倒霉了。”力敏望着还在真诚道歉的李锐，心里不断地安慰自己。

李锐可能是真的忘记了自己曾经答应过的事情，可他是否真像自己所说的那样对力敏感到万分抱歉呢？仔细看李锐的手，拍头时手掌放在了额头，这个细节毫无疑问说明他感到抱歉，但他并不真的认为自己的爽约会让对方生气，甚至他心里可能正在念叨：“拜托，小事儿一件而已，别在意了。”在现实生活中，用手接触头部的手势非常容易被解读，你会很容易捕捉到这个动作，并由此看穿对方的心思，做出正确的应对方法。

对肢体语言很在行的谈判专家通过仔细对比观察还发现，人在拍击自己的头部时，习惯于拍击后颈的人很可能个性较为内向或者为人比较刻薄；而那些习惯于拍击前额的人则可能更加外向而且容易相处得多。

想要在不同情境下准确解读用手接触头部的身体语言，必须经过长期的经验积累，培养自己敏锐的观察力。那些做出用手接触头部的手势的人，可能暗示的是怀疑、隐瞒、不确定、吹嘘、忧虑，或者干脆就是撒谎。你需要从不同中去判断他们的真实意图。最能体现观察能力与思维能力的地方就在于如何快速确认那个令自己不安的负面的想法到底是什么。想要做到这一点，最好是仔细观察对方的每一个手势，并且从整体上来分析他内心的真实想法。

# 第二章

## 眉来眼去：眉眼高低诉隐情

眉目传情可不只是爱情的表达方式，事实上，通过眉眼暗送秋波仅仅是微表情中的一种情况。眉毛、眼睛、眼角以及眼神的不同组合与变化可以传递出成百上千种富有不同含义的信息。同是眨眼，结合了不同的眉毛、眼角、鼻子动作，就有不同的含意，同是挑眉，配合了耳朵、配饰等的不同行为与装饰就有了各式各样的心情。即使没有测谎仪，你一样可以发现对方的蛛丝马迹，按图索骥看出对方的真实心意。眉来眼去的表情语言可比那些容易伪装的口头语言诚实多了。

## 1 眼睛向右频瞟，可能在说谎

如果一个人在目光投向右方的同时，面带笑容，神情放松，那说明他对话题很感兴趣。相反，如果向右看的同时，眉毛紧蹙，神经紧绷，说明他并不同意他人的说法或观点，但又不想明确表现出来。

当然，向右看的动作含意很丰富，不能一概而论，要根据当时具体的情境进行分析。向右看可能表示对方对所说或所听的事情非常感兴趣，也可能表示对某种观点不确定，甚至可能是敌意。

曾轰动一时的某地不雅照片曝光事件发生后，某涉事的女主角在事后做客某电视节目时，曾被主持人追问事情的详细经过，细心的观众发现，在整个采访过程中，对方不止一次紧闭嘴唇，眼睛频频向右看去。

右侧明显没有任何更新奇的事情发生，涉事人的这种频频向右看，自我抑制的表情只能证明：她所说的话并不可信，因为小动作表示出她对自己所说的话也存有不相信的心理，眼睛频频向右是通过下意识地调取右脑图像记忆区的储存信息进行回忆，而紧闭的双唇则从侧面再次暗示她可能隐瞒了一些未公布的事实。

但有时向右瞟的眼神并不太容易被人察觉到，因为没有人会做得非常明显。这就需要你能仔细观察，如果够仔细，无论对方的动作如何迅速如何转瞬即逝，你还是会注意到一点蛛丝马迹。最著名的例子就是：当年英国查尔斯王子和美女戴安娜结婚时，在其准备向戴安娜发誓时，他两眼不自觉地向右上方看了看。显然，当时发誓的查尔斯王子并没有诚实地对待誓词——这个小动作透露了他可能在说谎的事实。虽然事后有好事者为其解释，上方正是上帝所在的位置，查尔斯向上看，是其无意识地想要请求得到帮助的表现。指望上帝能帮帮他——当然，这可能只是个讽刺！

事实上，不管是否信仰上帝，不管是哪里的人，如果在发言、发誓时，眼睛下意识地频频向右瞟去，那基本上可以说明他确实有可能正在隐瞒自己的真实想法！

我们甚至可以通过这种向右看的小动作，八九不离十地猜测出对方可能正在回忆某个之前经历过的事情。在美国心理学家葛瑞德和班德勒的研究成果中，这个动作被冠名为“右视语言”，他们把它归类为神经语言程序学的范畴并进行了深入广泛地调查研究。之所以叫这个名字，是基于这样一个调查认识：如果一个人正在回忆自己之前某个经历过的事情，他的目光会自然地投向上方；如果是在回忆某个听过的声音，他的目光则会自然地投向侧面，与此同时他的脑袋还会略微倾斜，做出一副认真倾听的样子；如果对方正在回味的是一种感觉或是情绪，他可能会把目光自然地投向右下方。但是如果他仅仅只是在自己心里自言自语，那他的目光便会自然地投向左下方。

大量的研究调查发现：那些习惯说谎的人会在潜意识里控制自己的眼睛是向左还是向右瞟，但因为大多数说谎者都不习惯长时间注视

# $\frac{1}{25}$秒的智慧

目标对象的眼神，所以他更有可能选择向上或向下看。研究还表明一些说谎专家更精于掩饰，他大概已经了解多数人说谎时不敢看着别人的眼睛这一事实，所以他会反其道而行之，冒险在说谎时——即使这个谎言很大很容易被戳穿——选择直视对方的双眼，这个时候被直视的人该怎么办？怎么判断？

似乎没有什么方法，但是不要忘记，只需要 1/25 秒的时间，一个短暂的微表情就会暴露他的真实想法。当对方直视你双眼的时候，你不妨注意一下他的眼角、嘴唇还有手部动作，没有人可以同时控制全体器官进行同步伪装，总会有一个不经意的动作暴露他的真实意图。

无论何时，只要我们记住：不管对方是通过编造谎话来掩盖真相，还是通过肢体动作来增加谎话的说服力，眼神都很容易将他们自己出卖！

## 2 瞳孔放大说明非常有好感

人的瞳孔不只会因为光线强弱的变化而放大或缩小，也会因为心理状态的变化而发生变化。通常，人们看到自己喜欢的人时，瞳孔会放大，即使有人假装扭头看别处，表现得毫不在意，但通过瞳孔放大这种自然的生理反应，还是可以很快找到破绽。

曾经有美国的学者做过这样一个瞳孔放大实验：向男女两组被测试的人轮流放映五张幻灯片，同时对实验者的瞳孔进行摄影记录。这五张被观看的幻灯片的内容分别是婴儿、怀抱婴儿的母亲、男性裸体照片、女性裸体照片和风景画。结果显示瞳孔放得最大的是看异性裸体照的时候，测试人的瞳孔基本都放大了 20% 左右，而且男女瞳孔放大的程度没有较大分别。

上面的实验也再次说明人们面对那些拥有好感、自己很喜欢的人时，瞳孔非常容易放大。这大概也可以解释为什么相互凝视的恋人的瞳孔看上去都润泽而有神。

眼睛一直是人类最为关注的器官，多数人都认为眼睛是最能传达情感，同时又是最不会说谎的器官之一。如果你看到你的对手或者听众在听你谈话的过程中，瞳孔有明显放大，那说明他对你非常有好感，甚至已经完全信任你了。

在我们的肢体语言里，眼睛所传递的信号是最有价值也是最为准确的，因为它是传达身体感受的焦点，而且瞳孔的运动是独立、自觉、不受意识控制的。在相同的灯光条件下，随着态度和情绪从积极转向消极，瞳孔就会由扩张转向收缩，当人们处在兴奋的状态中时，瞳孔会比原始尺寸扩大四倍。相反，如果人们处在生气或者其他消极的情绪中时，瞳孔就会收缩，变成我们平时常说的“如绿豆般的眼睛”。而且瞳孔的颜色对人也会有一定影响，研究表明那些拥有浅色瞳孔的眼睛的人往往更吸引人的注意力，因为浅色的瞳孔在扩张时给人的感觉更加明显。

通过瞳孔扩张来判断他人对自己的态度屡试不爽。最成功的例子就是：有厂家在一次商品广告活动中，通过修改海报中模特的瞳孔尺寸，使得产品的销售量提升了近一半。

还有研究表明：眼睛的交流表达了心理上的接纳，当人们看到喜爱的东西时，瞳孔就会自然放大。如果面试官经常与面试者进行目光交流的话，则表示他愿意与面试者进行交流。所以如果你的面试官望着你微笑并且瞳孔微微放大的时候，恭喜，你已经胜券在握了！

# $\frac{1}{25}$秒的智慧

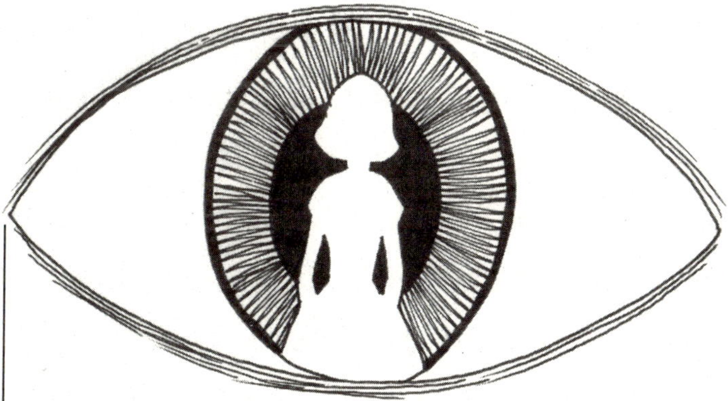

瞳孔放大说明非常有好感。

有不少精通此“道”的人都会将此运用在商业谈判或合作中，他们会特别注意“观察对方眼睛的瞳孔变化来判断彼此对不同话题的反应”，从而再作出决定。如果你是相亲一族，也可以试着观察一下与你相亲的对象，自己精心的装扮和优雅的谈吐到底有没有引起对方的兴趣呢，看看他或她的眼睛对你的“第一印象”吧。

“瞳孔是一种非常敏感的指示计”，有位心理学家曾这样说过。这个指示计可以用来测定人们对某一情况如何作出反应。当某人对某些事情感兴趣时，瞳孔就会放大，如果有人说出他所不喜欢的事情，对方的瞳孔往往会收缩。此外人们无法控制他们自己眼睛的反应变化，人们眼神的变化能一丝不差地泄露真情。也正是因为如此，据说许多阿拉伯人甚至在家里也要“戴上墨镜”，目的就是不让别人看穿自己。

尽管仔细观察瞳孔可能获得一些信号，但在正常的谈话距离上，要想进行仔细观察就有些困难，如果你紧盯着对方的眼睛看，会让对方感觉到紧张、不自在，进而影响谈话质量，如果是上司，在和合作对手或者员工谈话时，紧盯着对方的眼睛看，很容易造成一种“你来试试看”的挑衅情绪或者“我很不相信你”的暗示。当然，如果是男女对看，则意味双方都有意要引起彼此的情欲。

因此，日常生活中，不要一直盯着对方的眼睛去发现瞳孔扩张与否，只要进行正确的目光的接触就能够控制谈话的局面。比如，眼睛睁大，目光有神，也可以表示出你对当前话题很感兴趣，如果用稍微眯眼，有一些斜视的眼神看着对方，那么他很快就会察觉到你也许正想要把他牢牢踩在脚下。

在面对面的交谈中，我们的目光大部分时间都停留在对方的脸上，所以眼睛所传递的信息，是能够帮助我们解读对方态度与想法的最佳利器。

## 3 眨眼频繁的他有暗示

正常情况下，人的眼睛每分钟会眨眼 6 ~ 8 次，每次眨眼时眼睛闭上的时间只有十分之一秒。如果眨眼过于频繁快速，不是身体不健康，就意味着对方可能正为什么事情感到担忧、兴奋，甚至是在对你撒谎——人在撒谎时眨眼频率也会显著提升。

午饭时间到了，大家陆陆续续地开始向食堂走去。小王和同事边走边八卦，说起公司最近种种的加班理由、制度，大家都一肚子的苦水与怨气。

小王家离公司比较远，连续加班四个月已经非常疲惫了，但是最忙的时候过去了，老板还要求每个人每周六再加一天班。小王碍着手头需要攒钱买房，有气也不敢公开叫板这种不人道的加班制度，只能在背后发泄发泄。同事小李是个说话大大咧咧的人，说起加班的事情，小李气不打一处来，张口就批评领导这不对那不对。这激起了小王的怨气，他也开始抱怨起来。

正说得起劲呢，迎面走过来先前出去就餐的同事小黄，他突然冲着小王眨起了眼睛，小王看得有些迷糊：什么意思？他抬头向后望了望。都是涌向食堂的人群，再向前看，小黄面带微笑还在冲自己眨眼睛，小王心想：开什么国际玩笑，和我玩暧昧啊。他刚想冲小黄说句损话，突然旁边的小李拉了拉自己的衣服低声说道："王主任在我们后面。"这下，小王吓了一跳，王主任个头矮，刚才回头没看见，准是被谁给挡住了。怪不得小黄冲自己眨眼，他肯定是看到了王主任才向自己发出警告呢。

这种情况是我们在生活中经常遇到的。当对方有事情或有暗示想要只告诉你一个人时，会对着你挤眉弄眼。这种挤眉弄眼是表示两人之间有一种不必言语的秘密，两人都知道这个秘密，并且还要向第三个人保守这个秘密。比如，在电影中，经常出现在对立的两派人之间。两个帮派谈判时，一方感觉快要谈崩了，双方估计会动起手，不如先下手为强，于是就会给手下的小弟使个眼色，小弟来看到大哥的眼色就像收到命令一样，立刻开始行动。在这里，挤眉弄眼表示的就是一种传递秘密的行为。

挤眉弄眼还表示两人间的某种默契。它所传达的信息是：你和我此刻所拥有的秘密，其他任何人无从得知。在社交场合中，两个朋友之间挤眼睛，是表示他们对某项主题有共同的感受或看法。两个陌生人之间若挤眼睛，则有强烈的挑逗意味。由于挤眼睛含有人们之间的、不足为外人道的默契，自然会使第三者产生被疏远的感觉。因此，不管是偷偷地进行还是公然地进行，这种举动都被一些重礼貌的人视为失态。在社交场合，这种行为是不可取的。

频繁眨眼来暗示信息的动作属于下意识的行为，是人们的大脑企图阻止眼前的人进入自己的视线的一种防卫，眨眼有时是对他人的一种暗示：我们可以怎么做，要怎么做；有时是对他人的一种厌倦：你很无趣，还是快停止吧。有时眨眼还是一种高人一等、表现自己魅力的工具。如果某人频繁对你眨眼，且每次眨眼时眼睛会闭上两到三秒钟甚至更长的时间，那么，你不用怀疑，他其实正希望你赶快从他的视线中消失，即使那一刻他依旧堆满笑容地在对你滔滔不绝。不要等到对方的眼睛闭起，才发现真相。如果他的眼睛一直闭着，那就表示他的头脑里已经完全没有考虑你的存在了。

在和别人交谈的过程中，如果发现对方眨眼的频率变得很拖沓，那就意味着你的表现不够精彩，需要采取新的策略激发对方的兴趣。如果你认为对方这样做仅仅只是出于高傲，那么你不妨给予这样的回敬：当对方第三次或者第四次长时间闭着眼睛时，快速地向左边或者右边移动一步。这样，当他们再度睁开眼睛时，就会产生错觉，以为你消失不见了；继而又在旁边突然看到你，这一定会让他们吓得不轻。

生活中，当你遇到有谁在跟你挤眉弄眼的时候，可能是他在向你示意什么东西，或是示意你不要动，或是示意你不要说话等。通常，挤眉弄眼都是在关系比较好的人之间私下里进行，如果在社交场合也这样做的话，则会给人一种猥琐小人的印象，不利于你自身的形象。

## 4 有躲闪眼神的人很怕受伤害

有躲闪眼神的人习惯斜视。眼睛斜视是为了从谨慎的态度来估计周围的环境，这种人大多不愿意让别人察觉到自己真实的情绪，他向旁边看去，避免和别人的正面接触，是为了隐藏自己的内心想法，这是一种自我保护的态度，以此来光明正大地提醒陌生人：我正在用戒备的目光评估你及其他人。

某部门里新来了一个同事，主任领着他参观。新同事看上去衣着整齐，一身崭新的西装加一双擦得锃亮的皮鞋，说明他很重视自己给别人的第一印象。老员工都热情地同他打招呼，但他似乎有点儿不太适应，每次作自我介绍或者听别人自我介绍时，总是眼神飘忽地飘向远方。

主任和新同事刚一离开，刚刚与他打过招呼的刘大姐就有点儿气不过了，她生气地抱怨："我怎么觉得他看谁都看不上的样子，以为自己是老总啊，贼眉鼠眼地总是看别处，个子高了不起啊，我要个子高也能想看哪里就看哪里。"听了刘大姐的话，大家都哈哈笑了。

其实拥有这种躲闪型眼神的人，并不一定是自我感觉良好，相反，他们常常不自信，并因此对周围的一切人和事情都带有怀疑态度。那些看起来投向四周的目光其实带着戒备和瞪视的性质。他们不敢与对话者直视，不想要有太多目光接触，担心因此而被他人了解更多，或被看到什么自认为显而易见的缺点，从而避免遭受不必要的伤害。这也是为什么多疑的人经常有斜视和躲闪的表情的原因之一。

躲闪目光是屈服的表示，几乎所有的灵长类动物都认同这一身体语言。在遭遇潜在威胁时，人类也会采取躲闪的姿势来降低危险，比如会尽可能地缩紧身体，蜷曲膝盖、脚踝紧扣小腿，并且目光顺从地转向一旁。这些姿势会让攻击者的大脑发出"解除攻击"的指令，于是被攻击者便可以凭借屈服的姿态免遭厄运了。这些四处张望的眼神像流水般游移不定，在这种眼神背后，一般都是在躲避被亲近与解读。躲闪的眼神往往是极度缺乏安全感的人才会表现出来的。

躲闪的眼神传达的信息可能有两种：一种是聪明而谨小慎微；一种是深谋内藏、又怕别人窥探。说话时眼神闪烁不定者，一般表示精神的不稳定。据一些法律资料显示，犯罪者在坦承罪状之前一般都会有这样的状态。他们眼神游移，目光闪烁，总是回避询问者的视线，这大抵是因心中藏有某事或有所愧疚所导致。

当我们跟某个人说话时，看到对方眼神游移，就需注意一下了，是否有什么言语活动令对方不安，如果是，要注意尽可能地减少误解。如果不是这种情况，那要注意有可能他心里隐瞒了什么事，也可能他正打什么坏主意。跟这样的人打交道，我们应格外细心，以免上当。

如果是关系比较亲密的异性，眼神的游移可能还代表着其他含意，或许是他（她）在犹豫，也或许是他（她）心中慌张。此时，你不妨制造一点小幽默，或者自我解嘲一番，以缓解两人之间的谈话气氛，让双方心理上放松，这样更有利于感情的交流。

## 5 低头同时眼神上扬的人很自信

和前面说的说话时眼睛向右看不同，如果有人在低头的时候抬起眼睛往上看，代表的是一种自信，或是一种表示顺从谦恭的姿势。

一般来说，女人的这种姿势对男人具有很大的吸引力，因为这样的姿势会让眼睛显得更大而且让女人看起来像个孩子，非常惹人疼爱。

某电视台相亲节目中，男嘉宾迎来了一位女嘉宾。这位女嘉宾一上场就微微低着头，即使主持人要求她抬起头仔细对坐在对面的男嘉宾观察一下，她也只是保持这种姿势，微微抬眼看了一下。坐在观众席里的人有的开始打呼哨，不满意女嘉宾看起来似乎有点儿扭捏的情形。但令所有人出乎意料的是，进入男嘉宾投票环节，二十位男嘉宾里有十八个人把好感票投给了这位“稍显做作”的女嘉宾。

为什么会有这样意外的结果呢？主持人采访了现场投票的男嘉宾发现，这些男嘉宾对这位女嘉宾的印象百分之九十都是“眼睛很大，楚楚可怜，惹人疼爱”。

其实，上述案例里的女嘉宾很自信，且很懂得如何让异性对自己产生好感。那究竟为什么男性偏好这样的姿势？为什么这样的姿势会让人显得更加温顺，更富有魅力呢？

这种心理反应可以这样解释：小孩的身高比成年人矮得多，所以在看成年人时必须抬起眼睛往上看；久而久之，不管是男人还是女人，都会被这种仰视的目光激发出类似于父母般的情感反应。

在婚姻遭遇危机时，英国的戴安娜王妃就用“眼睛向上看”的姿势博得全世界的同情。戴氏的标准表情是这样的：下巴微微内收，抬起眼睛向上看，露出纤细的脖子，这个姿势几乎已经被戴安娜王妃艺术化了。这种像孩子般的姿势触发了成千上万人的怜爱之情，特别是当人们认为戴安娜王妃遭到英国王室的攻击时，更是希望能像父母一样保护她。这样一种表示顺从的姿势，人们平时并不会有意识地去练习，但是大家心里都清楚，只要做出这样的姿势就会收到预期的效果。

玛丽莲·梦露堪称女性性感形象的大师。她知道，至少是在潜意识里知道什么样的身体语言能够让男人无法招架。在垂下眼皮的同时抬起眉毛，目光往上看，嘴唇微张。几个世纪以来，女人都用这种姿势展现既性感又顺从的形象。这样的姿势已经成为性感女神的标签。当然不仅仅是炯炯有神的眼睛造就了这个姿势的魅力，眉毛和眼睑之间变宽的距离也功不可没。

现在，越来越多的人知道，在与人交往中，有 90% 的非语言信息来自面部，眼、眉、嘴、鼻、面部肌肉的细微变化，都会表达不同的含意。眼睛则集中了面部表情的大部分信息，从眼神中有时可以判断一个人是坦然还是心虚，是诚恳还是伪善。如果你想让自己变得非常有魅力，不妨多试试这种动作。

## 6 长久的注视是希望得到更多的信息

为什么有很多人相亲次数很多，成功率却很低？曾经火爆一时的八分钟约会为何成功率不高？调查统计表明：很多人第一眼印象都执著于对方的穿着打扮与谈吐气质，但却只有少部分人会在坐定之后注重与对方进行目光交流，这样的“貌合”“神离”是让彼此错失更多机会的重要原因。

一家婚介所作了这样一个调查：告诉所有参加相亲约会的男人和女人，约会对象跟他们的个性非常投合，他们一定会玩得很开心，而且还会找到中意的伴侣。同时，对每个男人都作了一个特别说明：他的约会对象有只眼睛在孩提时代受过伤，而且这只眼睛至今都有点不太灵便，女孩对这一点也特别敏感。并告诉男人，具体是哪只眼睛受过伤组织者也不清楚，但是如果凑近了仔细观察，应该还是能发现。

然后，婚介所的调查者展开了有趣的统计后发现，在长达两小时的见面会中，所有约会男女都花费了整个晚上的时间来用心观察对方的眼睛，想要认出哪只眼睛曾经受过伤。当然，这种努力自然是徒劳无功的。可是，这样的安排却促成了相当不错的结果，约会男女享受了十分亲密而浪漫的速配过程，而且乐意再次约会的比例非常高，比婚介机构往常的平均纪录超出了200％。

调查结果表明：长久的注视会激发亲密的情感。这个结果同样适用于职场。通常，员工会避开与老板直接目光接触的任何机会，开会时大部分人都低头或者左右来回交流，很少直视老板，他们中大多数人认为与老板直视很尴尬，同时可能也会带来些小麻烦，比如看穿自己并没有真正投入开会或者倾听。但事实证明，那些在工作中经常抬头注视老板，与老板有良好的眼神交流的员工，对工作有更高的热情和更好的理解力，同时，老板也对这些员工有更高的记忆力和认同度。原因很简单：一定程度的注视确实会激发彼此亲密的感情，即使他是你恨得牙痒痒的老板。

不过，可千万不要因此而误解这种“目光交流”。很多人都曾经听到过这样的教导，在推销或是应聘的场合，应该从见到对方的第一眼开始就始终和对方保持积极的目光交流，直到自己落座为止。但是这种做法却会给会见者和访客都造成麻烦，因为这违反了我们和陌生人第一次见面的一般行为习惯。事实上，无论是谁，在第一次见到其他人时，都会先打量这个人的头发、双腿、身材以及整体的精神面貌。所以，如果一开始就执著地与对方进行目光交流，就会限制彼此的视线。这样的结果就是，希望了解你的人不得不在谈话的过程中，不断地偷瞄你身体的其他部位，同时又因为担心被发现而变得心烦意乱，甚至无法专注于谈话的主题。

很多人对这一点感到非常失望，认为这样的情况不应该发生在这个注重效率与经验的社会。但是不管人们高兴与否，事实就是事实，隐形摄像机所记录的大量商务会谈场面都证明一个人在面对他人时总是难以管住自己的眼睛。当一个人走出房间时，所有人都会不自觉地注视着对方的背影，即使他们并不喜欢这个人的长相、谈吐或其他。

不管人们是否乐意接受，但这就是事实。一个记录还显示，会见者在初次见到访客时，也会走同样的流程，不管这个访客是男人还是女人。只不过如果是女性，视野会更宽阔一些，所以她的上下打量不容易被人察觉。在接待相貌不佳、穿戴庸俗的女性访客时，女人往往比男人更加苛刻。而且，女人在面试男性求职者时，不仅会留意男人头发的长度、衣服的款式和搭配，还会观察男人裤子的褶皱和皮鞋的光泽。当应聘者走出房间时，女面试官甚至会留心应聘者的鞋底的磨损情况，对这一点相信大部分男面试官根本不会注意到。

了解了人们在初次见面时的一般行为习惯后，我们就可以总结出一些应对策略了。当你参加一个商务会谈时，在见到会见者的时候先礼貌地跟他握手，然后给他提供两三秒钟的时间，让他可以从容地上下打量你，形成对你的总体印象。你可以利用这点时间打开自己的公文包或是文件夹，也可以整理一下可能用到的资料，或者把外套挂起来，把椅子拉得更近一点，然后抬起头来看着会见者。根据我们拍摄的会谈录像，我们发现这样的策略不仅能让访客给会见者带来较好的第一印象，而且有助于访客获得更好的销售成绩。

## 7 东张西望的眼睛有逃离愿望

东张西望的表情很容易让人产生不安全感，如果是工作中出现这种情况，常会认为你对当前话题或内容已经厌倦，迫切想要停止并离开。

当人们的目光上下左右四处看时，我们通常认为是在观察整个房间的事物，但实际上这是大脑在搜寻逃跑的路线。因此，东张西望的神情是人们对于眼前的人或事缺乏安全感的表现。

在一次相亲约会中，坐在张璇对面的是一个干净整齐的男人，一身休闲装，脚上的白球鞋甚至白得有点儿亮眼。这个人让张璇觉得非常放松，她几乎高兴地叫出来：我的 MR.right。但是这么良好的开始，却随

# 1/25 秒的智慧

着约会的继续进行而慢慢有了变化。这个男人从落座开始就在四处张望，眼神恍惚，似乎有点坐不住，虽然竭力说一些幽默的话逗张璇笑，但是双腿不停抖动，总是在张璇正说话时忽然就扭头看路过的食客。

这令张璇感到很不愉快，她觉得自己没有受到重视，于是借去卫生间的时候她仔细地自查了一遍妆容：没有问题。自己长得又不丑，但为什么对方会是这样的表现？起身回到座位的时候，她听到对方在打电话："哥们儿，快来救我一下吧，我这儿实在待不下去了，小丽的电话短信就没断过。"张璇这下明白了，其实不是自己有问题，而是对方的心根本不在这里。这个男人对此次约会根本提不起兴趣，无心谈情说爱，只想着能赶快结束约会，逃离现场，摆脱尴尬的境地。

当一个人和自己并不喜欢的人说话时，他本能地会想要看别的地方，寻找可能摆脱这个人的办法。案例里的男人只是表现得太过明显罢了。这种东张西望想要逃离的眼神，人们也会下意识地进行掩盖，有些人有时会用揉眼睛的动作加以掩饰。如果是男人常常会用力地揉眼睛，如果谎说得过大，他们还会把视线更频繁地转向别处，较多的是看地面，也有的看周围的景致，为的是在说谎时避免目光与对方的视线接触；另有一些人会假装拿起放在手边的文件或者简历或者其他书籍，边翻阅边和对方对话，这容易给粗心的人一种错觉：他对谈话很用心，但真相很可能是对方心不在焉、想着快点儿结束谈话。在这方面，女人表现出了很棒的耐心和坚持，当她们感觉到厌烦的时候，你或许不会看到不耐烦的张望、翻看等动作，而多半是轻轻摸一下眼睑的下方，这简直会让那些粗心的谈话对象误以为她只是随手那么一拂而已。

如果一个人老是东张西望，或是在谈话时总是不看对方的眼睛，那么我们对这个人的信任度就会急剧下降，尽管他或许只是出于害羞才这么做。

一位初出茅庐的销售员非常害羞，对面对面与客户谈产品销售的事情还不是很有经验。每次面对客户，尤其是女客户时，他的眼睛就忍不住在客户和别的地方之间游移不定。这样的做法让他的形象大打折扣，几乎所有人都会感觉他并不专注于彼此的谈话，如果是入户销售，还会被人认为有点儿贼样。所以他很少成单，工作业绩也越来越差。

直到后来，有人帮助他改掉这种东张西望的习惯，让他不断练习集中自己的目光，在面对客户时把目光锁定在销售对象身上，而忽略掉害羞感或陌生感的存在。这个训练非常行之有效，他的业绩有了明显提升。

当然，改掉东张西望的毛病的方法并非是单一的，很多时候要因人或者因事而异。还有一个更重要的事实不能忽略，那就是有时人们会刻意地控制这种东张西望，因为我们大多数人都知道，目光转向其他地方是对谈话失去兴趣的表现，会让对方感受到自己逃跑的渴望。所以，不少人为了避免引起对方的不快，反而会更专注地看着这个讨厌的谈话对象，并且用紧巴巴的微笑伪装出很感兴趣的样子。这样的行为就像我们之前提过的那些撒谎者一样，都是利用增加目光相交的状态而让自己显得更真诚可信。

当你发现一些人对索然无味的话题表现得津津有味，更加专注时，就要谨慎了。说不定，他只是伪装真实感受，在向你传递一个错误的信息。

## 8 说话不看人可能已拒绝什么事

当两个人彼此眼神相交时，才算是真正形成了互相沟通和交流的基础。在我们和别人交谈时，有的人会带给我们舒服愉快的感觉，有的人则会令我们局促不安，甚至还有一些人会让我们觉得不可信赖。这些感觉的产生都是从眼神开始的，而且往往取决于对方注视我们的时间有多长，或者面对我们注视的目光对方有着怎样的反应，等等。

但是，如果对方说话时尽量不看你，那么意味着对方从一开始就不想和你继续深入交流，并已经决定在不想忍耐的时候立刻说出拒绝的话。

薇薇在公司工作了三年，最近因为加班的事情和主管有了矛盾。本来工作中有矛盾是很正常的事情，但是事情过后，这位主管竟然在背后悄悄打了薇薇的小报告，向总部投诉薇薇工作态度不够严谨。结果，周会的时候薇薇被点名批评了。

薇薇实在是气不过，自己明明没有做什么却反倒被人黑了一把，这口气实在难以下咽，两个人私底下在公司吵得不可开交。以至于家人、朋友、同事都跑来相劝，薇薇考虑到以后还要继续在此工作，总这么闹下去也不是个办法，于是决定和主管言归于好，主动退让一步。

周五下班，薇薇主动走到主管面前，汇报自己的工作情况，本想汇报完工作再邀请对方一起吃个饭，谁想到，从薇薇站在桌子前开始，主管的头就不曾抬一下，始终没有看薇薇的意思。说什么都只是"嗯啊"答应。这可让主动言和的薇薇十分郁闷，她一气之下，拿起文件夹摔门走出了办公室。

尽管薇薇态度诚恳，但是主管头也不抬的动作却已经地显示了他的拒绝态度。或者可以说，当薇薇还对和解存有希望时，她的那位小气主管已经毫不犹豫地对着薇薇说了"NO"。两个人的交谈过程中，如果对方与他人目光相交的时间少于三分之二，一般意味着，他并不喜欢彼此之间的谈话，并希望随时可以结束。如果双方正在商讨一件事情，其中一人正在争取另一个人的意见，那么很有可能，自始至终拒绝眼神交流的他已经下了拒绝的决心。上述案例中的主管，很显然是并不打算与薇薇言归于好了。

说话时拒绝正视对方，一般有两种原因：一种是心有愧疚或个人有不好的隐私时，无法坦然面对对方或者担心自己被揭穿；一种是干脆觉得没有必要继续与他人接触，希望省去礼节，尽快将关系切割干净。

社会心理学和肢体语言技巧的专家通过调查发现：在交谈中，目光相交的长短程度差异很大，最低的只占谈话时间的25%；而最高的则是100%，也就是交谈的两个人始终处于眼神相交的状态。

目光相交时间的长短取决于参与交谈的对象以及彼此的文化背景。如果暂且忽略文化背景，在两个人互相交谈时，如果A很喜欢B，那么A就会经常向B投去注视的目光。反之，如果在和别人谈话时紧张怯懦，注视对方的时间还不到三分之一，那么对方对你产生不信任感，也就没什么可奇怪的了。这同时也说明，为什么我们在商务谈判时不能戴墨镜，因为这会让对方认为我们要么是借着镜片的掩护盯着他们，要么是躲在镜片后逃避他们的目光。

还有一种人则是因为性格内向、不善交际，所以无法将视线集中在对方身上。总而言之，说话不看人的人，很可能是内心还不够自信或者不耐烦。与这样的人进行交谈时，我们要尽量发挥自己的优势，避免喋喋不休地重复，要抓住重点，消除对方的敌意，以使谈话顺利进行。

## 9 摸鼻子可能在掩饰心中的慌乱

有的人在聊天时常在鼻子下方有意无意地轻碰几下，也有的人用非常不明显的动作很快地碰一下鼻子，有时候完全让人察觉不出来。采用这种动作的人是为了掩饰心中的慌乱，或是希望转移对方的注意力，因为他们觉得其他部位更容易暴露出自己正在说谎。

香港某演员在接受媒体采访时，对自己做错的事情表示很惭愧，但是，细心的人发现，他在说这句忏悔词的时候不由自主地摸了一下鼻子——这是撒谎的最显著标志。

美国前总统克林顿性丑闻爆出，在接受法官询问时，他每四分钟就触摸一次鼻子，在陈述证词期间触摸鼻子的总数达到 26 次之多。为此，有人分析，与频繁触摸鼻子的情况相反，只要克林顿诚实地回答提问，他就完全不会触摸自己的鼻子。

这样的解释很好理解，因为如果一个人正在撒谎，他就会本能地想要去遮盖谎言的源头“嘴”，但是，如果大张旗鼓地动嘴，那就太过明显了，正是因为有这样的意识，所以人们就不自觉地改为用挠鼻的方式来伪装自己，因为挠鼻也有同样作用，还可以让人得以安置本用来捂嘴的手。

陶陶上幼儿园不久，每天回来都很兴奋地对妈妈讲自己在幼儿园一天的生活。这天，陶陶妈妈去接陶陶放学时，接到了班主任老师的投诉，说陶陶中午不休息，硬是要在其他小朋友睡午觉的时候，自己玩过家家的游戏。老师怎么说都不听。

回家后，陶陶照例说起了自己的生活，但是绝口没提午睡时自己不休息的事情。妈妈于是问道：“陶陶，中午在幼儿园睡得好吗？”陶陶眨眨眼睛，低着头对妈妈说：“嗯，睡得好。陶陶听话了。”

小朋友说谎时还不会刻意去掩盖自己的动作，可能是出于习惯或者模仿表示出了说谎的暗示，比如眨眼睛。而对于大人来说，说谎时不看人的动作有些过于刻意，所以，用摸鼻子来代替躲避人们质疑眼神的动作就更为常见了。此外，让人们不自觉去碰鼻子的原因还有一个。有学者发现，当人们撒谎的时候，一种名为儿茶酚胺的化学物质就会被释放出来，从而引起鼻腔内部的海绵体结构膨胀数毫米。说谎者会觉得鼻子不舒服，不经意地触摸它。

不过，当一个人处在不安、焦虑或者愤怒的情绪之中时，他的鼻腔血管同时也会膨胀。也许，这能解释一下，为什么古龙小说中的大侠楚留香会有习惯性抚摩鼻子的动作。

触摸鼻子的手势一般是用手在鼻子的下沿很快地摩擦几下，有时甚至只是略微轻触，几乎令人难以察觉。女人在做这个手势时比男人的动作幅度更小。因为，如果一个人的鼻子在正常情况下发痒，那么他必须比较用力地摩擦鼻子，甚至是通过挖鼻孔才能消除刺痒的感觉，而不像触摸鼻子的手势只是轻轻一摸那么简单。

和遮住嘴巴的手势一样，说话者触摸鼻子意味着他在掩饰自己的谎话，聆听者做出这个手势则说明他对说话者的话语表示怀疑。单纯的鼻子发痒往往只会引发人们反复摩擦鼻子这个单一的手势，并且和人们整个对话的内容、频率和节奏没有任何联系。

当然，仅凭触摸一下鼻子就判断对方毫无疑问是在撒谎，是片面的。正确的做法是结合其他肢体语言进行判断，比如皱眉、闭嘴等。

## 10 爱挑眉的人正试图示好

一个弯眉瞪眼的人，会让你看上去一脸震惊。然而，眉毛上挑暗示你正努力表现出自己对某人或某事感兴趣。

英国的查尔斯王子和前首相布莱尔都善于借助挑眉毛的动作来表达自己对他人的友好，因为挑眉正是在暗示别人："我不是坏人；我对你很感兴趣；放轻松，我不会支配你的。"挑眉实际上是让别人解除戒备心理的一个办法。

挑眉不必有多明显，轻抬眉毛是其中一种。所谓轻抬眉毛，就是在距离稍远处向人打招呼的姿势，从远古时代开始就广泛地被使用。这个动作的含意不仅通行于全世界，而且就连猴子和猩猩也会用这个动作打招呼，由此可见轻抬眉毛的动作是天生的。

把眉毛快速地轻轻一抬，瞬间后又回复原位，这个动作是为了把别人的注意力引到自己的脸上，让人家明白自己正在向他问好。我们不会对擦肩而过的陌生人以及自己讨厌的人做出这个动作。

有一个小调查很有趣，实验者站在一条繁华的街道上，这条街道上有几家人流很多的小店。实验者站在门前，对每一个进出小店或者路过的人都做出轻抬眉毛的动作，先是看着对方轻轻微笑，然后利索地抖抖自己的眉毛，被这种眉毛礼节打动的人占多数：他们大多发出会心的微笑，同时回报以同样的挑眉动作。小孩子会欢欣雀跃地跑过来揪揪实验者的衣服，表达自己开心的心情，有一些买了东西出来的顾客甚至会停下来和实验者展开一段谈话："这家小店是你的吗？""你看起来真有趣，我们能合个影吗？"实验者也很愉快，在这条拥堵的街道上，尽管他占去了一个人通行的位置，但是他的挑眉动作帮他迎来了一堆友善的朋友。

运用好挑眉动作还能为女性带来更好的异性缘，因为提升眉毛的动作会让人觉得做出这一动作的人有一种顺从的感觉，如果是男人会觉得她很有诱惑力，想要和她交谈一下，知道她的喜好。这方面最有名的例子应该是玛丽莲·梦露，高挑的眉毛让玛丽莲·梦露显示出百依百顺的姿态。现代

# $\frac{1}{25}$秒的智慧

爱挑眉的人正试图示好。

社会，有很多女人会把眉毛拔除，然后用眉笔重新画出眉型。这是为了让眉毛显得更高挑，显示出顺从的姿态，因为她们潜意识里知道，这样更能吸引男人。而男人如果修剪眉型的话，肯定会从眉毛最高的部分开始修剪。他们会把眉毛修得更低，让眼睛显得更窄，制造出一种更有威严感的效果。

没错，现在你已经掌握了一种行之有效的交朋友的好方法：如果你喜欢某人，不妨试试向他轻抬一下眉毛；如果你想让他喜欢你，还是向他轻抬眉毛，这可是一条黄金准则。

## 11 皱眉的人随时可能爆炸

皱眉是一种控制力的表现，通常男人会这么做，他们要告诉别人："我可能在考虑你说的，但一切由我定夺。"

因精神压力大，工作业绩不理想，在北京一家外企做经理的吴先生，每日眉头紧锁，心事重重，即使是吃饭的时候也不时长吁短叹。本以为这只是自己心情的一个发泄，但令吴先生没想到的是，在日前的一次半年工作总结会上，他因"表情"不好，遭到领导的批评。原因是，近期连续有下级员工反映：吴先生整天黑着脸，使办公室变得"暗无天日"，导致他们内心压力倍增，从而影响工作效率。

现代社会个人面临的工作、生活压力都很大，容易积攒一些负面情绪。尤其是身居要职的部门领导，如果没有一个稳定的心理素质，很容易把自己的情绪在办公室里释放，比如在同事面前唉声叹气、眉头紧锁。可以肯定的是，这种负面情绪极会传染给他人，让气氛变得压抑。

皱眉也分两种情形，分别为防护性皱眉和侵略性皱眉。防护性皱眉是眉毛自主保护眼睛不受外来伤害的举动，这种皱眉通常会伴随着眼睛下面的面颊往上挤的动作，同时眼睛仍可睁开。当人突然遇到强光刺激或者强烈的情绪反应时，会有这种自卫性的退避反应。侵略性皱眉和前者相比有些许不同，双方都有防护的出发点，但当人表现出侵略性皱眉时，皱起的眉毛会略向外分开，造成眉间皮肤的伸展，使短而垂直的皱纹拉平，同时整个前额的皮肤挤紧向上，造成水平方向的长条皱纹。这种皱眉主要是出现在有厌烦、反对等情绪时。

上班高峰，地铁里人来人往显得异常拥挤。每一个人都要使劲儿往前挤才能把自己塞进拥挤的车厢里。一个男孩儿不小心踩了一个女孩儿的脚。他有点儿不好意思，赶忙说了声对不起。但没想到这个女孩儿却不依不饶，开始破口大骂："你没长眼睛啊，挤什么挤！……"男孩儿涨红了脸，没说话。旁边的人都在劝女孩儿："少说一句吧，人家都道歉了。"但是女孩儿似乎没听到，依然骂个不停。地铁停了一站，继续前行，又停了一站，又继续前行，女孩儿喋喋不休地抱怨一直没停，男孩初始涨红的脸慢慢恢复了正常颜色，只是却横眉立目，仔细观察能发现他的眉头正越皱越紧。

当女孩儿一边看手机一边持续抱怨时，男孩儿突然始料未及地伸出手使劲儿打了女孩儿一巴掌。"啪"！整节车厢一下子就寂静了下来。

皱眉是人情绪不佳的常有表现，当眉头越锁越紧的时候，也就是其内心压力积聚到一定程度、面临爆发的时候。故事里的女孩儿喋喋不休地抱怨和咒骂，让好脾气的男孩儿最终忍无可忍，暴力相向。其实如果女孩儿聪明，稍微注意下对方的表情，适可而止，就可以避免矛盾的发生。

皱眉属于情绪管理中的一个重要内容，如果一个人常常习惯性皱眉，不妨检讨一下自己最近的情绪。如果心情偶尔不好，可尝试通过做深呼吸、眺望远方、喝水等动作来缓解情绪，偶尔皱眉不要紧，毕竟它是人们表达内心情绪的一种方式，但如果常常皱眉，则说明人内心的不良情绪正在积压，如果不及时释放，很可能因为一件小事的触动而引来大爆发。如果你身在多人共处的办公室，那么非常有必要控制自己，尽量减少皱眉动作，尽量学会自我排遣，把消极的情绪消灭于无形。

尽量不要皱眉。常皱眉的人心情抑郁且常会失去机会，久而久之还会在眉中形成“印堂纹”，让人觉得衰老并有运滞的现象。

## 12 眉毛闪动是对人友善

眉毛是保护眼睛的屏障，它在眼睛上方形成一道屏障，既可以阻挡灰尘和雨水流进眼睛，还能挡住额头上的汗珠流进眼里。眉毛一般是不动的，如果一个人在与对方交谈时，他的眉毛做出闪动的动作：先上扬，然后在瞬间再下降，那我们可以理解为此人正在尝试对他人表示自己的友善。

李进的主要工作是销售，前不久，他遇到了一位重要的新顾客。李进和这位新顾客联系了数天，最终在最关键的时候，他抓准了对方真正的意图。

一开始，李进就知道与这位新顾客有机会合作是一件非常幸运的事情，但同时他也知道要和这位新顾客打交道可不是一件容易的事情。回想起之前的种种，李进概括说：“他是一位长着两道浓密的眉毛的老人，非常富有，也有点儿固执，不太容易相信人。”当他试图阐述自己的想法时，对方总能细致地驳回他的看法，这一度曾让李进感到很受挫，但在那次关键的会面时，他突然想到一个方法，当对方再次反驳自己时，他面带微笑，诚挚地对对方说："您一定很清楚，您的反对意见和怀疑理由其实都不是很重要，因为它们无论如何都不能使产品贬值，也不会对您的投资产生威胁。"

这时，李进注意到，当自己说完这句话时，一直严肃地盯着自己的顾客眉毛微微闪动了一下，他知道自己终于成功了。果然，随后的面谈非常顺利，不久这位顾客就和他签订了合作合同。

眉毛闪动，表明顾客对李进所说的话很感兴趣，下意识地用眉毛的动作表示了自己对李进的友善。通常，出现闪眉动作之后的5分钟内是一个人接受新知识的最佳时机，这段时间，对方对面前的事物怀有最大的兴趣，在此期间向对方传授知识或者灌输一种理论是最有效果的。

眉毛闪动虽然出现的时间非常短，但这却是在全世界通用的一种表示欢迎的信号，是一种对他人表示友善的行为。当一个人眉毛不自觉开始上扬时，说明他彼时的心情非常愉快，从内心赞同别人的看法，并且感觉自己和他人的关系更亲近了一步。值得注意的是，除非一个人特别克制，否则一般人眉毛闪动时都会同时伴有扬头和微笑的动作。

如果只有一边的眉毛上扬，还不能作为对对方喜悦友善的判断，因为单眉上扬通常意味着对别人的言辞和行为有疑问，如果是双眉上扬，而且上扬得很厉害，那就是百分之百地表示高兴与惊讶了。

此外，还有研究发现，小孩出现闪眉动作的频率会比成人出现的频率高数倍，且动作要比成人更为夸张，有半数以上的孩子常常会把闪眉做成挑眉，这是因为对于小孩子来说有更多的机会遇到更多的新鲜事，因此也更有机会表现出自己的喜悦与好奇。而随着年纪的增长，人们出现闪眉动作的次数则会慢慢减少。

眉毛闪动经常出现在一般对话里作为加强语气之用。每当说话时要强调某一个字时，眉毛就会闪动，像是在强调："我说的这些都是很厉害的！"

总之，眉毛虽然也只是人面部一个很小的部分，但它的作用却很大——能在一动一静中透露一个陌生人的心境。

## 13 轻擦耳朵可能已经厌烦

人的耳朵也是一本有趣的"语言"书，懂得"翻译"的人能从这小小的耳朵上发现很多"秘密"。

耳朵是人们倾听外界的一个重要工具，同时也是讲述人本身情绪想法的一个工具。值得说明的是：没有人可以三言两语揭示出"耳朵语言"的精髓和方法，我们需要用另一只耳朵——来自内心的耳朵，仔细观察仔细倾听，才能够了解其中一二。

一个普通工作日的晚上，小丽正在兴致勃勃地和老公八卦从单位听来、看来、猜测的各种信息。说着说着，她一眼看到刚刚收拾完的客厅被老公重新搞得乱七八糟，于是立刻转换了话题，开始说老公如何笨手笨脚。小丽的老公似乎是见惯了这种暴风雨似的转变和打击，坐在沙发上抱着一副"任你磨破嘴皮，我不吭一声"的战斗态度，一边虚心接受批评，一边看电视。

从开始搞乱客厅到不知道动手收拾家里的卫生又到自我仪表的管理粗糙，小丽是越说越精神，越精神说得越多，刚才还一直淡定的老公渐渐坐不住了，他耐着性子抬起右手挠了挠后脑勺，轻轻摩擦起了自己的耳垂。

轻擦耳朵的手势通常表示人正试图阻止自己已感到厌烦的谈话。看来不管男人耐性有多好，面对妻子的喋喋不休也无法始终如一地保持淡定了。

大家都知道，小孩子如果不想听大人说话，会淘气地用双手堵住耳朵，再借机跑开，轻擦耳朵这一动作其实与此异曲同工，只不过它更多发生在成人身上。成年人因为出于礼貌，一般不会像小孩子一样直接在别人面前堵住耳朵，但是又无法对已经厌烦的谈话置之不理，于是就把双手堵住耳朵的动作慢慢地转换为用手轻擦耳朵。

为什么人在厌烦时会选择用手擦耳朵呢？这是因为耳朵上密布着人身体上很多重要的穴位，当人感到厌烦或者担心时，伸手摸耳朵会刺激这些穴道，尤其是耳垂摸起来非常柔软，这种柔软的触感再加上对穴位的按摩很容易让人产生多种愉悦感，而比起堵住双耳，单手触摸耳朵明显要方便得多，因此轻擦耳朵自然就成为人缓解不安、担忧。

会谈中，如果你发现自己的对手有这样的动作，不妨仔细注意一下：是不是现在正在谈论的话题有点儿无聊枯燥或者进行的时间已经太长，超过了人的聆听耐心。如果对方有这种动作且还有反复，请尝试暂时中断话题，休息一下，和对方一起喝杯水或走到窗前远眺一下，帮助厌烦的对方把手从耳朵上拿下来，尝试改变他的态度！

## 14 戴不同的眼镜折射不同的性格

眼镜已经成为人们日常生活中最常见与最时尚的装饰，偶像明星的示范让更多人爱上了这种装扮。不一样的眼镜能为一个人的形象增添几分不一样的感觉。无论男女，无论是否年轻，越来越多的人喜欢为自己佩戴一副眼镜来展现自己的风格。

研究学者亚伦·皮斯就说过，眼镜之所以会产生这样的效果，是因为它为佩戴者增添了两只瞳孔巨大的“眼睛”。这种“眼睛”带来的效果就如同毛绒玩具上那种大大的眼睛一样。

女性对太阳镜的使用超出了它的一般功能。女性似乎总是擅长发掘普通用品的装饰性功能。除了太阳镜，为了矫正近视或为了保护眼睛而使用的普通眼镜，也早已超出了其原本的使用范围，成了具有多种功能且很有装饰意义的大众用品。有的人佩戴眼镜，就是为了美观或形成一种气质。

通常情况下，人们认为戴眼镜的人具有浓厚的书生气质，并且更加勤奋聪明。这种看法可能来自于大部分高学历者因为长久的阅读习惯而使得眼睛视力下降，需要佩戴眼镜。所以，学历越高的人，戴眼镜的概率越高。久而久之，眼镜便和文化内涵联系在了一起。

不同的人习惯戴不同的眼镜，不同样式的眼镜也反映出了佩戴者的不同性格。喜欢戴黑胶边眼镜的人希望表现出稳重且成熟的样子。在他人面前，这种人通常表现得热爱传统。他们很清高，可惜他们保守且缺乏冒险精神，因此成就不大。这种人对朋友彬彬有礼，但是这样形成的友谊没有深度。

戴着金丝边眼镜的人希望当他人看他们的时候，认为他们除了斯文之外，还有学者的风范。这种人喜欢追赶潮流，并且十分注重自己的外表。尤其是与朋友约会时，他们必定穿着光鲜，同时在言语之间，还会暗示自己是有身份的人。在跟别人讨论问题的时候，这种人喜欢发表一些独特的见解，以表示自己与众不同。

常戴无边眼镜的人认为自己是客观的人。面对问题的时候，他们总能够从大局着想，不会因为一些细节而影响大局。这种人总觉得自己善于用计，因此与人交往时，喜欢兜圈子。其实他们害怕被人伤害，所以千方百计不让别人接触他们真实的内心世界。

在生活中可以看到很多人做一些跟眼镜有关的小动作。比如用手扶一下似乎要滑落的眼镜。这种动作最为常见，扶眼镜是为了调整眼镜的位置，使得焦距对得更准，方便使用者更清楚地去看东西或者人。如果你的交谈对象无意识地做了这个动作，那么很可能是他对你的谈话或者对你这个人产生了兴趣。

扶眼镜可以表示感兴趣，另外几种使用眼镜的小动作却可以表达犹豫不决的心理活动。当我们要求一个人作决定时，他如果用眼镜的一脚去碰触嘴唇，或者干脆把它含在嘴里，那就证明他的内心有些不安，他还没有想好到底要不要那么做。眼镜脚对嘴唇的碰触能让他在潜意识里联想到婴幼儿时在母亲怀里吃奶的安全感。还有一种小动作是不停地擦拭眼镜，这也是为了拖延更长的时间来思考，动作者正在进行激烈的思想斗争。

所以，当你碰到用这些小动作拖延时间的人，劝导有时并没有什么作用，因为他们把注意力更多地集中到自己的小动作上，以此来拒绝你的建议。这种时候，你可以保持沉默，让他们自己更多地考虑。

# 第三章

## 口是心非：无法对你说谎的嘴

上嘴唇碰下嘴唇，说出的话可能是甜蜜的毒药，也可能是苦口的良药。一个人的学识、修养、心思可以体现在用词、组句、表达上，但绝不仅仅体现在这些方面。更多时候，那些华丽的言辞只不过是真正的主人“嘴唇”的一些善于变化的外衣罢了。穿越这些层层的包装、遮掩，仔细看看对方天花乱坠言辞之下的嘴唇吧，有时候你需要选择相信你看到的，拒绝轻易相信你听到的！

## 1 绷紧嘴唇的人常常很严厉

嘴是人的脸上运动范围最大、最富有表情变化的器官。嘴的运动能牵动脸部皮肤、眼睛、鼻子、眉毛的各种变化，所以人们通过嘴能产生丰富的表情，并且嘴的形态变化也非常引人注目。

嘴的第一大功能是吃，第二大功能就是说。有声的语言是其中一种“说”，人们通过嘴唇、嘴形的变化而发出的无声的语言则是另一种“说”。在很多影视、文学作品中，作家在刻画人物非常严肃、严厉地对待一件事或一个人时，经常这么写：“他的嘴唇绷得紧紧的，坐在那里一动不动，脸上看不到一点儿笑容。”这说明，嘴唇绷紧是人表示严肃严厉态度的一种方法。

遭遇了金融风暴后，郑凯所在的公司销售业绩下滑了很多。从前每周一次得意扬扬的销售业绩会现在变成了紧张的诉苦大会，本来就不是很宽容的日本老板最近越发严苛。

郑凯手下一个新的业务员正在作报告，顾客数量本来不多，业绩不太好，但小业务员偏巧废话又多，汇报时啰里啰唆，还几次弄错了几个数据。郑凯悄悄看了看坐在对面的老板，发现那厚厚的嘴唇绷得越来越绷紧嘴唇的人常常很严厉。

紧，身体也越坐越直，他不禁在心里骂了一句脏话，想道：“完了，这个月准得被扣钱。”

果然，小业务员的报告刚结束，老板就立刻批评了一通，非常严厉地质疑大家到底有没有拿出认真工作的态度来为公司创造业绩，最后离开时，还不忘冷冰冰地吩咐秘书：本月奖金全体减半！

当人们开始表现出不满、焦虑时，嘴是最大的“泄密人”。习惯绷紧嘴唇的人通常都很严厉。

嘴唇绷紧时，嘴会习惯性地向外微突出，虽然看不到牙齿，但这种因为生气或不满而绷紧的嘴唇就和一些动物准备攻击的“露牙”动作有相似之处，比如小狗、小猫被惹怒，准备发起攻击行为时，就常常龇牙咧嘴宣泄自己的情绪。

平时常用力抿嘴的人和不常抿嘴的人相比，耐心可能要差一些，这也表示绷紧嘴唇极有可能是他们正在积攒不满和怒气，或许还是马上就要进行口头攻击的一种信号。

生气时把嘴唇绷得紧紧的，目的就是为了克制自己的情绪或者尽量避免受他人情绪的影响。可以预见的是，一旦这种人对不满情绪失去控制，就会有大爆发。

当然，绷紧嘴唇有时也是一种紧张和集中精神做事的表现，有时，人们绷紧的嘴唇里也暗藏了一种压抑的悲伤情绪，比如很多小说里在描写到人物非常难过但是又无法宣泄时，也会用“他绷紧了嘴唇，强忍住眼泪”这样的说法。我们在判断时，需要具体问题具体分析。

如果自己周围有习惯性用力抿嘴的人，我们建议你不妨经常劝告对方放松一下，提醒对方经常说些语气和缓的话，帮助他把正在逐步积攒的不良情绪提前发泄掉。

## ② 嘴角上翘可能是满意也可能是蔑视

据说拥有嘴角上翘的脸型是合格的桃花脸，因为天生嘴角上翘的人即使并没有做出微笑的表情，看起来也很像是在对人淡淡微笑，这很容易让人理解为友善的表达，因此具有非凡的魅力。仔细观察一些明星，他们就常常做出嘴角上翘的动作，来展现自己的亲和力。也正因为如此，生活中我们习惯用“嘴角向上”这样的描述来形容轻松愉悦的微笑。但如果对方双唇紧闭，只有左嘴角上翘，那你就要小心了，那可不是满意的表现，而代表了一种蔑视。

小郭在单位是个普通职员，别看没有官职，但在单位也属于一个风云人物：省长来视察，主任亲自点小郭一起陪席；市长来开会，看了小郭做的报告，又对主任夸奖小伙子有潜力，是个人才……总之大事小事总少不了小郭的身影。

副主任调职，职位空出来了，大家私底下都在议论谁能轮上去。说来说去目光集中到了两个人身上：小郭和秘书金莉莉。金莉莉是秘书，人长得很漂亮，做事干脆利落。

副主任人选能是谁？小郭觉得自己是不二人选，至于金莉莉那根本不是对手。于是小郭在金莉莉面前开始表现得很傲气，有事儿没事儿就以副主任的姿态指手画脚一番，金莉莉倒是从来不拒绝，闭着嘴做出一副微笑的样子，不少人都以为小姑娘已经处于下风了。只有莉莉的朋友小欧知道：金莉莉打心眼里看不起小郭的跋扈。

仔细看看金莉莉每次微笑的表情，会发现她的微笑通常都紧闭双唇，五官紧缩，嘴角上翘看起来是在微笑，可是明显左嘴角上翘的幅度要大一些，而且每次说话时颈部以上都会微微向后移动。这种表情是明显的轻蔑与不屑。虽然隐藏得很好，但是厌恶的情绪却在不经意间流露了出来。为什么这么说呢？因为真正的嘴角上翘会牵扯从鼻子到嘴角的皱纹，还包括眼睛周围的笑纹，而蔑视的上翘是看不到这些的。

如果你感觉到和自己对话的人面部表情越来越僵硬，嘴角在上扬，却感觉不到笑的张力，那证明他的心情正在变糟糕，对你的好感正在逐步下跌。

在工作中，常常能做出嘴角上翘动作的人多拥有秘书能力，善于处理繁杂的事务，而且往往面对的事情越繁杂他越会感觉有趣。与此同时，他们具有很好的口才，如果和他们对话的人不能在气场上压过他们，不能让他们感受到丰富的学识、快速的反应力，那他们通常都会以这种小动作来表达自己的不屑。他们不会直接发表意见或者做得非常明显，因为这种人自视很高，不愿意为这种事情而无谓地惹怒他人。

由此可见，下次当我们碰到喜欢嘴角上翘的人时，要谨慎了，千万别给一点儿阳光就忘乎所以，觉得自己无所不能了，小心对方可能正在源源不断地流淌着对你的蔑视吧！

## 3 捂嘴的人可能撒谎也可能自卑

不自觉地摸脖子、舔嘴唇、捂嘴等小动作透露出人们对自己的表现有些不自信，潜意识希望借助小动作来掩饰自己的紧张情绪。其中，说话时用手偶尔轻轻捂嘴，还说明那个人有可能正在撒谎。某领导私生活不检点，与多位女性保持不正当关系，还拍摄了大量私密照片。结果不小心这些照片大量流出，对很多人都造成了很大的伤害。事发后该领导被检举，在法庭上他主动要求向受害者道歉，短短几分钟的发言里，他一直表示“希望受害人尽快忘掉此事，重新回到健康和开心的生活”，似乎是为了表示自己此刻沉重的心情，他抬起手轻轻捂了捂嘴唇。当再次说“对不起”时，他顺便舔了舔嘴唇。

用手捂着嘴巴，是为了阻止嘴的活动给别人过分明显的暗示，掩盖正在撒谎的行为。嘴还是发声的主要器官，捂嘴一定程度上也是为了掩饰内心的不安，因为撒谎者肯定知道撒谎不对，有可能会给自己或别人带来伤害，但因为某种原因，却不得不继续编造谎言。

世界上没有完美的谎言，撒谎者总是会露出自己的马脚，捂嘴就是其中的马脚之一。下意识地用手遮住嘴巴，表示撒谎者试图抑制自己说出那些谎话。有时候人们是用几根手指或者紧握的拳头遮着嘴，意思也是一样的。还有的人会假装用咳嗽来掩饰自己遮住嘴巴的手势，相信大多数人都会有这样的经历，一些影视作品中就经常会出现这样的镜头：某大亨在讲预先编造好的谎言时会假装镇定沉着地用拳头捂住自己的嘴唇，一些对真相的慌乱的掩盖则大多会伴以严重的咳嗽试图转移他人的注意力。

察觉到这个动作的人都会感觉出做这个动作的人有点儿鬼鬼祟祟的。同样，如果你发现在自己说话的时候，其他人无意间捂着自己的嘴，那很有可能表示你所说的话他们并不相信，可能他人正认为你隐瞒了一些事情。如果对方没有捂嘴，而是做出了双臂在胸前交叉的动作，这种拒绝接受的姿势也可能与捂嘴的手势有相同的含义。

如果遇到这种情况，你该怎么办？我们的建议是：遇到这种情况，你应该立刻停止讲话并且询问："是否有什么问题？"或者用更委婉的话来转换下气氛。

比如："我发现有的朋友不太赞同我的观点，欢迎大家各抒己见，说一说，让我们一起讨论一下。"通过转移倾听的重点，让倾听者提出自己的异议，让持怀疑态度的人有机会来解释一下自己的想法，同时也给自己一个机会回答别人的问题。

用手遮住嘴巴就如同把食指竖立在嘴唇前说"嘘"的手势，都是一种表示非礼勿言、不得罪人的手势。这个"嘘"的手势是提醒别人不要随便说出自己的真实想法，如果是别人对你做出这一手势，你肯定知道他对你有所隐瞒。

那些习惯在笑的时候捂嘴的人大多性格内向，保守，甚至有点自闭，因为他们不敢过多暴露自己。如果是女人会表现得很温柔。但与撒谎有点儿相似，这种人一般不会轻易向别人吐露自己的真实想法，即使对方是自己的亲朋好友。如果对方是个陌生人，则会存有相当大的戒心。

另外，捂嘴笑的人在恋爱的时候不够大方，他们不会很明白地表示出来人家约他好还是不好，就是连笑也要掩饰住。至于到底答不答应或者要不要主动约人家，在态度方面也表现得不够大方，因为他们天生就不够自信。

他可能会在有选择或有矛盾时顺从对方，尤其是当他们面对的是比较喜欢而又比较强势的人时。

不管怎样，生活中，当你与经常捂嘴笑的人来往时，要谨慎一些，如果对方是女性，则要注意态度要更温和一些。

## 4 嘴巴以下瘦削坚硬的人比较倔强

无论是漫画还是电影，人们似乎已经习惯了用一些拥有瘦削坚硬的下巴的人物形象来指代一些性格很不容易改变的人。就通常意义而言，下巴并不属于五官范围之列，但它对脸部的轮廓线条却有着至深的影响。下巴与嘴巴紧密相连，一张完整的脸，即使五官平平，如果有一个线条非常流畅而均衡的下巴，也会给人清朗悦目之感。但是如果下巴有外形缺陷，太粗、太尖、太短都会破坏脸部的整体形象，显得五官没有神采。

理想的下巴约占整个脸长的六分之一，从侧面看，与眉心在同一垂直线上。过粗或过肉的下巴会让人显得臃肿，大部分人都喜欢修长的下巴，因为修长的下巴很容易显得人优雅而灵秀，但下巴过瘦过长的话，易给人以冷傲、矜持、缺乏亲和力的感觉。这也很容易理解，因为通常来说，下巴瘦削坚硬的人一般都比较倔强，性格里有争强好斗的特征。所以，拥有瘦削下巴的男性看起来更加坚毅和强势。

为什么下巴与人的性格有如此的联系呢？研究发现，攻击性倾向越强的人，其睾丸酮含量就越大，相应的下巴也常常要显得大而有力。相反，攻击性缺乏，比较容易妥协的人睾丸酮含量明显比前者低，下巴也往往比前者要小，且圆润。通常说来，男运动员（在一定程度上包括一些女运动员）的颌骨的尺寸比平常人要大。从通常意义上讲，这种大的颌骨是与较强的争强好胜性有着某种联系的。

具有较强的争强好胜性格的人总是突出他的下巴，这实际上就使得下巴的骨骼和肌肉变大，至少看上去显得更为突出，而越常有抚摸下巴的动作。大部分人在倾听或思考的过程中，都会将一只手放在脸颊旁边，这意味着他们正处在思考当中。这其中，拥有尖下巴的人的数量也常常占得多一点。

下巴瘦削坚硬的人的性格倔强，比较好强，但是他们也有突出的优点，那就是做什么事一定要达到目的，且拥有较好的创造性。

面对这类人，注意不要以硬碰硬，应学会逐步引导，慢慢沟通。可以为其暂时不同意的事情出谋划策，提供机会，帮助他处理问题，让他自己拿主意，一旦他能够理解还有更好的办法可以完成这件事，自然就会作出相应的改变。对这种人，切忌严厉指责与批评，因为对于不容易改变观点的人来说，指责与批评正是让他坚定自己看法的推动力。

## 5 用指尖拨弄嘴唇的人很不安

你或许已经注意到了，有时人们为了提醒别人保守一个秘密，或者希望他人保持安静的时候，会做出将食指放在嘴唇上的动作。有时在感受到压力的情况下，有些人也会用手指拨弄嘴唇的动作来寻求安慰。这些动作，几乎所有人都会做到，那有什么特别的含义吗？

招聘中，王科遇到一个很有趣的面试者，每次回答问题时都滔滔不绝，口才很好，说话时表情也很明朗，但就是有一个小毛病，总是说着

用指尖拨弄嘴唇的人

很不安。

说着就要用食指去拂拭一下嘴唇，好像嘴唇上粘了什么东西似的。他有点儿不太理解，是对方很紧张吗？但是看他口若悬河，镇定自若地回答问题，根本找不到紧张的痕迹。

尽管如此，这个面试者还是顺利通过了初试，进入了复试。复试是公司老总亲自主持，王科发现，那名有趣的面试者在复试中用手指擦拭嘴唇的动作与初试时比起来更加频繁。这下他明白了，对方看起来虽然很镇定，但还是因为层层的审核而感到不安。手指拨弄嘴唇正是他克服这种不安的小动作。

我们在与人交谈时经常会发现上述案例中提到的情况，有些人说话时常无意识地用食指或大拇指去拨弄嘴唇，看起来很像是嘴唇有点儿干燥或者正在思考问题，其实这些都是内心不安的表现。用食指及拇指的指尖来触摸嘴唇，同用手轻擦耳朵起到的功用是一样的。嘴唇是人说话的主要器官，用手指轻轻抚触，可以让自己感到一种支持，嘴唇柔软的触感与温暖的温度，传递到指尖，也带给人一种放松感。

当一个人的不安感增加时，光用指尖碰嘴唇是不够的，有的人会开始用牙齿轻咬指甲及手指关节，过于不安的甚至会把指甲不知不觉咬成锯齿状。因此，如果某些人在谈话间频频用食指或大拇指来拨弄嘴唇，或者在不停地用牙齿咬手指、指甲，那说明此人正在努力克服内心的不安，力图镇定情绪。

有这种习惯的人性格通常会有些焦躁，比较容易紧张，一些心理上不太成熟的人一般也会有这种表现。

但这个动作并不是单纯地将手指放在嘴唇上，经过调查发现，这是人们毫无意识地来回滑动或者摩擦的动作。这种无意识的安慰行为来源于人在婴儿时期的体验，是一种潜意识里对母亲怀抱里的安全感的渴望。著名漫画《史努比》里就有一个这样的小孩形象，他总是离不开毯子，总是将毯子含在嘴里。

其实这很写实，对于幼儿来说，如果他们感到不安，可以吸吮母亲的乳头来缓解内心的恐惧，对于年长一点儿的孩子，可以将自己的拇指或者毯子含在嘴里，作为母亲乳头的替代品。但对成年人来说，那些动作明显不太合适，所以成人就通过把手指放在嘴唇上的动作来获得一点儿支持。这么说来，你还可以将吸烟、叼着烟斗、衔着钢笔、咬眼镜架、嚼口香糖等动作同理对待。

人的手上共有 27 块小骨头，手部的骨头通过一个网络状的韧带结构互相连接，依靠肌肉的拉伸来完成关节的各种活动。科学家们早就已经发现，人类双手与大脑之间的神经关联远远多于人体的其他部位，双手的动作或手势往往能够准确细致地反映出我们内心的情绪状况。与此同时，由于我们通常会将双手置于身体之前，所以手部的动作哪怕再细微，都很容易就能观察到。

在许多国家，手的一大作用就是充当“隐形的标点符号”，在谈话中起到谈话者角色转换的作用。最先使用“举手”这一动作的是意大利人和法国人。

这两个国家的人被公认为是世界上在谈话中双手使用频率最高的“手语者”。与此完全不同的是，在英国，人们普遍认为说话时手部动作过多是一种不礼貌的行为，只有那些缺乏教养的人才会这么做。

通过前面的一些描述，我们知道，大部分用手接触嘴唇的动作都与撒谎和欺骗有关，但是手指拨弄嘴唇的手势却只是内心需要安全感的一种外在表现。所以，遇到做出这个手势的人，不妨给予他承诺和保证，这将是非常积极的回应。

## 6 咬嘴唇的含义多多

咬嘴唇的动作是一种含义十分丰富的肢体语言。在不同的场合，人们会用它传达不同的内心状态。

有的人内心感觉紧张时会咬嘴唇，比如犯了错误的小孩在面对老师或父母时，十分内向的人需要对众人发言时，等等，都容易出现咬嘴唇的动作。之所以如此，可能与人体在紧张时的生理反应有关。

紧张时，人的心跳会加速，血液的流动会加快，流经唇部的血液也会相应增多，导致人的嘴唇出现一种微胀感或微痒感，这种热乎乎的感觉会让人下意识地去碰触它，而碰触嘴唇最简单又最隐蔽的方法，当然就是上齿轻咬下唇了。

当人们感觉焦虑时，也容易咬嘴唇。一个非常典型的例子是，在恐怖袭击事件发生后，获悉亲人在现场消息的人就下意识地咬住了嘴唇。在许多场合，只要涉及令人焦虑的事情时，人们都容易做出这个下意识的动作。据说美国前总统小布什就习惯用咬嘴唇来表达自己的紧张焦虑情绪，在一些公开场合，当所处局势让他感觉有压力时，他也会用这个小动作来掩饰自己的焦虑。

有些人在感到恼怒时，也会出现咬嘴唇的动作。最明显的例子就是在赌场，当某人不幸拿到一手烂牌时，他多会鼻子轻皱、轻咬嘴唇。如果恰好其对手还是个深谙人们心理的人物，那这局对于他来说就十分危险了。

如果仔细观察，你会发现运动场上的运动员们在遭遇失利时，多会做出咬嘴唇的动作。在这种场合中，咬嘴唇除了表示焦虑外，也可以说是在进行自我惩罚。再比如，有些比较要强的孩子在考试考砸后，甚至会将自己的嘴唇咬出血泡或干脆咬破，这种反应都属于自我惩罚的行为。

被人误解或侮辱时，许多人也会很自然地做出咬嘴唇的动作。显然，这是人们心存不满，但又希望能够控制自身情绪的一种隐忍的表现，也可以看成是他情绪爆发的前期阶段。除了咬嘴唇外，有些人在内心紧张，感觉不安全、不舒适时，也会去下意识地咬笔杆、咬指甲等，以期获得心理安慰。这些动作可以看做咬嘴唇的变体，与其有着相似的含义。

综上所述，不难看出，咬嘴唇在一般情况下都传达了一种消极的意思，使动作执行者在无形当中透露出自己内心的负向情绪。正因如此，很多人都希望改掉动不动就咬嘴唇的毛病，避免被对方看透内心。那么，如何才能改掉此类动作呢？

首先，你可以利用心理暗示。心理暗示有强大的效用，当你一遍遍地告诉自己“我不紧张，我不紧张”时，在很大程度上，你的紧张感就会被缓解。因此，针对自己最容易出现咬嘴唇动作的心理状态，你可以设计一句简短的有助于舒缓情绪的语言，在每逢那种心理出现时便反复默念。

其次，你可以试试心理疗法中的“系统脱敏疗法”。具体来说，你可以在每次咬嘴唇时，就强迫自己去做一个令自己不舒服又比较隐蔽的动作，如用指甲狠狠地掐自己一下，或者使劲咬一下自己的舌头等。长此以往，你就会渐渐消除这个动作。

最后，要提醒大家的是，如果你正在参加工作面试或者初次与异性约会，那么无论如何，你都要避免此类动作，不仅因为它们看起来不美观，还因为它多半传达的是一种负向信号，会让对方对你的印象大打折扣。

## ⑦ 口是心非的人正在走神

有时人们回答别人提问时反应会慢半拍，嘴上说的话和身体动作不协调。这时候你可千万不要傻傻地用同一套剧本继续演下去，应该尽快将发言权让给对方，否则对自己宝贵时间来说可能是严重的耗损。

当你结束一段话题时，对方的响应是“啥？喔，那个啊”“不好意思，我刚刚没听清楚。”“喔！然后呢？”当对方说出这类反应慢半拍又急于补救的词汇时，他们刚才绝对没在听你说话。

在心理学上，这些词汇属于社交上的“自动防卫句型”，多半是因为没注意听，但为了不想让对方感到尴尬，便用这些语句企图缓解反应不过来的停顿时间。

会使用这类句型的人，虽然因为本身因素没在听你说，但对这场谈话还是抱持尊重的态度，另外挑个时间再谈，成效会不错。

有些人会频繁地和你互动，可是很奇怪，每次他们想和你互动的话题，都和你说出的议题毫不相关。例如，你刚说完产品规格，他们会兴冲冲地告诉你：“不错啊。对了！你知道吗？我昨天在路上看到一场车祸。”“你有没有看到一则新闻？”等。

这种类型的人常会把人带离话题，只谈自己想谈的主题，除非你能把他们正在谈的东西和你的产品挂钩，否则恐怕会一直没有交集地谈下去。

有时，走神的人可能不会用驴唇不对马嘴的语言来回答你，但他们做出的一些小动作暴露了他们正在走神的事实。有些人一边听你说话，

# 1/25秒的智慧

口是心非的人正在走神。

一边手却安静不下来，一下抚弄桌巾，一下碰碰水杯，一下看看手机，下一刻又玩起纸或笔，他们虽然会常抬眼盯着你，但心里却觉得这场谈话真是无聊透顶，恨不得下一刻就跟你说再见。

会做出这些小动作的人，基本上也不太介意你发现他们感到不耐烦，属于比较随性的性格。

当你发现对方做出这些动作时，应该主动终止谈话，也不要在现场约下次见面时间，之后再电话联络会比较好。

通常当对方不断轻轻摩擦或抓拉另一只手的手指尖时，表示他们正在烦恼别的事情，心里千头万绪，很难专心听你说些什么。

大致上，抓拉右手较倾向于为目标不确切的问题而烦恼，例如为明天的会议紧张；抓拉左手则倾向有问题或困扰正待解决，比如要替小孩准备的美劳用具还没买。

相比较来说，拉右手的人分心程度会比拉左手的人更大，因为他们面对的是未知的压力，你再怎么努力想吸引他们的注意，恐怕都是徒劳无功。

旁边有人咳嗽、东西掉落、远处有刹车声，他们的视线马上转移，好像随便什么事情都比你说的话有趣。事实上，他们心里也的确是这样想的。这表示你的说服方式不是他们要的，他们很难专注听你说完。也许你该请他们发表看法，并趁机更细心观察他们的个性表现，否则再约几次恐怕也是同样的结果。

一般在对谈中，基于基本礼仪，很少有人会公然出神，当你发现对方大部分时间都目光无神时，几乎代表他们已经筋疲力尽，可能是心理上的疲累，也可能是体力已经耗尽，让他们连“假装”听你说话的力气都没有。如果可能，你不妨开车送他们回家，他们会感念在心。

当然，这通常只是单一性的偶发状况，如果你正好碰到了这样的情况，我们建议你和他们改约下一次见面再继续谈主题；如果你也有点空闲，当下不妨放轻松，聊点打发时间的平常事即可。

## 8 吸烟姿势展示性情

不少男士爱吸烟，从嘴叼香烟的姿势、手拿香烟的姿势中也可看出一些性格。

习惯把香烟叼在嘴里的人，心地善良，富有爱心，别人有困难一定会出手相助。他们非常热情，但是有时会因此而有些情绪化，从外表看这类人非常积极乐观，但常有不切实际的表现，爱插嘴，因此时常上当惹麻烦。他们较少分场合，如果他们感觉不好，需要发泄，常会当场爆发，因此，有时会给人留下心烦气躁的印象。

用食指和中指的第一指节夹香烟的人，一般比较爱干净，有时会格外讲究。这类人通常都比较敏感，有时难免会有比较神经质的表现。但同时，他们悟性也很高，富有灵感，构想很高明，缺点是动手能力稍差，缺少付诸实践的行动。他们细心，认真，对什么事情都很操心。虽然工作很认真，也非常有能力，但是因为缺少一定的决断力，所以不大容易被上司重用。这一类型的男士在结交女性朋友时，常表现得很有绅士风度。

与上面这类型的人相比，有的人习惯用食指和中指的指根去夹香烟。手指空余出很长的部分。这类人多半具有积极乐观的态度，做事干净利落，有时会因为节奏太快而遭人埋怨。男士富有男子汉气概，但有时会随心所欲。他们做事尽职尽责，也爱帮忙，管闲事，人缘比较好，往往有不达目的不罢休的做事风格，有进攻性，情绪外露，事情顺利时会表现得很高兴，一旦遭遇失败容易消沉。

习惯手心向外，用拇指和食指的第二指节夹香烟的男士，是社交大王。他们天生的自来熟，几乎与任何人都能说得很投机，很快成为朋友。这类人性格直率，少有拐弯抹角，也因为这样的原因，容易为自己带来麻烦。他们做事很有热情，不过有点儿虎头蛇尾，不是很有耐心。因此，遇到困难时，常常容易半途而废。心地善良，容易受感动，非常富有同情心，但是有时也因此而有八卦的嫌疑。他们的嘴不太严，有时容易泄露一些秘密而引来抱怨。

手心向里，用拇指和食指的第二指节夹香烟的人，城府较深，不容易向他人袒露内心，知己不多。这类人与别人交往时，抱有很高的警觉性，常让人感觉到难以接近。他们性格倔强，有时难免保守，缺乏变通，不过如果正好他们心情不错，那变通也不是问题。这种人一旦下定决心去做什么事情，就会谨慎周密地做计划，然后义无反顾地去执行，较少考虑别人的感受。

那些习惯用拇指和食指捏着香烟的人非常喜欢亲近别人，但因为有时过于敏感而让人无所适从。他们性子较急，如果一件事情反复三次以上还做不好，会变得更加烦躁，情绪有时不太稳定，比较争强好胜。这类型的人有时会比较任性，仿佛还未长大的孩子，时有矛盾心理。

需要指出的是，并非一个动作反映一种心境，有时一个动作在不同的场景中，暗示的是不同的含义，或者流露的是不同的心境。我们有必要结合其他微表情，对具体问题进行具体分析。

# 第四章

## 笑看风云：不同的微笑不同的含义

笑的世界并不一定都是明媚天气、灿烂阳光，也可能是幽幽深谷、绝情黑暗。大脑指挥面部形成了各种含义甚广的微笑，这些微笑或真，或假，或诱，或害。但是，笑容还需要五官的同心协力、精诚合作。只要仔细观察你就会发现，微笑时五官各自的独特变化，通过这些变化就能轻易分辨出哪种笑背后是鲜花，哪种笑背后是陷阱。

## 1 微笑时紧闭双唇的人拒人千里之外

一个人微笑时，如果眼睛在笑，但是嘴、面颊以及身体的其他部位并没有连带地“动”起来的话，那么，就不能把这种微笑看做是亲密的、友善的、带有诱惑性的。虽然这种微笑表面上表示着一种欢迎姿态，但是它却含有一种冷若冰霜的感觉，不许别人接近，拒人千里之外的态度。

在一些空中小姐或者T台模特的脸上就常带有这样的微笑。做出微笑的动作，但神色上却挂着醒目的警示牌：不可侵犯。双唇紧闭的微笑一般暗示了三种可能：第一，隐藏了某个不为人知的秘密；第二，不愿意分享自己的想法、观点；第三，不喜欢对方又不想被对方知道。

有的人在微笑时，会用手轻轻地半掩住嘴，或用别的什么东西掩嘴而笑，这是一种很能被人赞赏的优雅的微笑。但因为优雅，所以你可能看不到脸部其他地方的变化。这个时候就需要注意一下手的动作。仔细看一看，如果对方的手或其他物品并不是掩在嘴上，而是轻轻触摸在嘴角边的脸颊上，那么就要小心了，因为通常这样微笑的人都很有心机，有很深的城府，他不会轻易相信别人，更不会轻易地把什么事都告诉别人。这个时候所展示的微笑，只是基于礼貌和防范心理的假面具罢了。

微笑时紧闭双唇的人拒人千里之外。

在现代社会，有很多人会把这种表面之笑当成一种委婉的拒绝。

比如，张大妈在街上碰到了李阿姨，张大妈很高兴，她兴高采烈地和李阿姨谈起了自己的小孙子，李阿姨尽管微笑着望着张大妈，但能看出眼神游离在两人距离之外，眼睛微微作出笑的样子，但是手轻轻地放在脸颊上，脚尖却朝向和张大妈相反的方向，这说明其实她并没有在听张大妈讲话，因为她没有任何应和话题的表示。李阿姨的表现就等于婉转地告诉对方："我对你说的话一点也不感兴趣，对不起，我不想再听下去了。"

出于礼貌，李阿姨并没有抬脚就走，但是她的笑显然只是应付。虽然表面上微笑着应付，内心里却正在表示婉转的拒绝。

遇到自己不喜欢的人而又不想让对方知道这一点的时候，通常也会露出这样的笑容。在其他人看来，这种微笑其实就是一种非常明显的拒绝信号。然而，大多数当事者却很少能明白微笑背后的含意。

不过，不管怎么样，笑脸中最重要的是嘴形。嘴形不同，嘴角朝的方向不同，微笑也不同。如果想让别人不当面看穿你的笑容，那就努力锻炼一下你的嘴部肌肉。嘴部肌肉跟其他部位的肌肉一样，使用得越多，越可以形成正确的移动。

## 2 微笑的脸不对称可能是假笑

微笑是人类最基本的表情，而人是微笑的唯一载体，微笑时人的面部表情因嘴唇的展开、眉毛的上扬和面部肌肉整体的平缓向上而给他人带来一种愉悦舒展的感觉。微笑也分很多种，我们已经区分了一些微笑的不同，尽管你可能已经将那些文字烂熟于心，但对于真正的微笑和虚假的微笑，你可能还是分不太清楚。下面就教你一个简单但非常有效的区分方法——观察微笑是否均衡对称，仔细看鱼尾纹肌是否有变化。

有研究证明：真正的微笑是匀称均衡的，笑在面部的两边是对称的，也就是说脸颊的肌肉运动应该是基本一致的，两侧的皮肤反应是一样的。而伪装的笑容则有些不均衡，仔细看你就会发现假笑时，很可能只有脸的一侧是微笑的，而另一侧却没什么表情或者比较僵硬。

为什么会出现这样的结果呢？当我们看到一张笑脸时，我们的大脑神经就受到指令，指挥面部肌肉展示微笑，因而，会以微笑来回馈对方。而在一张扭曲的笑脸上，两侧脸庞的表情恰好相反。这种歪脸的微笑大都是人脑意识作用的结果，其所传递的信息也只有一个——挖苦讽刺。这种歪脸笑不真诚、不自然，不但不会为形象增光，还会破坏原来坦然的形象。

除此之外，观察鱼尾纹肌也是一个行之有效的区别真笑与假笑的方法。鱼尾纹是指在人的眼角和鬓角之间出现的皱纹，其纹路与鱼儿尾巴上的纹路很相似，故被形象地称为鱼尾纹。不管是小孩还是老人，在真正微笑时，都会张开嘴巴，有嘴角上扬的动作，此时能明显地看出眼角的鱼尾纹肌是皱在一起的。年轻人可能没有鱼尾纹，但无论有没有鱼尾纹，鱼尾纹肌都是一样的。假笑时，嘴部展开的动作不自然，即使看上去和真笑时动作一样，但因为没有真正牵扯到面部肌肤，所以鱼尾纹肌不会有什么变化。

你也可以找一些明星微笑的海报、照片看看，如果发现他们的鱼尾纹肌没有明显地皱在一起，说明那是假笑：只是为了配合拍摄摆出的姿势罢了。

绝大多数人都无法准确地区分真笑与假笑，而且只要看见有人冲我们微笑，我们大都会有一种满足感，而从来不会去思考这笑容究竟是真还是假。

由于微笑具有让人放松戒备，消除敌意的作用，所以大多数人常常错误地把它当成撒谎者的专利。因为大多数人都会把微笑和谎言联系在一起，所以他们会有意识地克制自己，尽量不露出笑容。撒谎者的笑容出现速度比发自内心的真笑要快，而且持续的时间也更长，看上去就好像是戴着一个笑眯眯的面具。

如果是假笑，由于我们的左右两个半脑都希望能使笑容看起来显得更加真实，所以在意识的控制之下，左侧脸庞与右侧脸庞的表情并不完全相同，其中一侧的表情会显得更加夸张。控制面部表情的神经元大都集中在右半脑的大脑皮层中，而这部分大脑只能向我们的左半身发送指令。

结果，当我们刻意地想在脸上堆满笑容的时候，左侧脸部的笑容就会比右侧脸部的更加明显。很多事实也证明，当人们撒谎时，左侧脸庞的微笑看起来会显得比右侧的脸庞更加明显。所以，我们应当结合当时的背景来思考微笑背后的含义。

如果是发自肺腑的真心微笑，由于无须刻意地假装，所以左右两个半脑向身体两侧所发送的指令就是对称的，而两侧脸庞的笑容也就不会有任何区别了。这也就是说，只有在最真诚地微笑时，才能够出现匀称的微笑，这种笑容让人的眼睛也一起在笑，这是人本身无法靠意识控制的、发自内心的微笑的流露。因为，分布在眼睛周围的肌肉只有在内心真正幸福时才有反应，使眼睛放出愉悦的光彩。这种微笑流露出一个人内心世界的幸福与欢乐，只有感受到生活的愉快和成功的人，才具有这种迷人的微笑。这种微笑有着感人的力量，显示了一个人对生活的满意和自信，它是最佳的形象象征。

## 3 眼睛没有笑意需谨慎对待

眼神是表达情绪、心意的一种很好的载体，尤其是微笑时，带有笑意的眼神能打开他人的心扉，传递关爱、期盼等各种微妙的心绪。所以眼神是微笑中必不可少的一个组成部分。但是如果一个人对你微笑时，你看到的只是一个机械的面部笑容，眼睛却呆滞无神，那就需要谨慎对待了。

张璇是某公司人事经理，被邀请参加一个业内较大公司的人际关系培训班结业典礼。他打算在了解公司讲师的素质后再决定自己是否参加。

培训班结业典礼上，张璇选择坐在前排右边，通过一段时间的观察，他发现结业的人似乎都在用一种被强化训练出来的积极热情的语言，竭力地表达自己的体会。而那位主讲老师的脸上始终挂着一个定格的笑容，怎么看怎么别扭。这个笑容并不能让张璇感到丝毫温暖，而是越看越感到一丝困惑，因为他无法捉摸那笑容的背后到底是真诚还是客套，也无法相信那张脸的诚意，更无法被那个标准的肌肉造型的笑容感染。

热闹的典礼终于结束，张璇准备走向那位老师作自我介绍。他走上讲台，抬起脸向对方微笑，就在双方眼睛直视的刹那，张璇突然明白：原来刚才一直困扰自己的并不是笑容，而是那双眼睛。

张璇所看到的那双眼睛，虽然一直配合着脸部做着笑的动作，但是，整体看起来很高深莫测、虚实不定。当那位老师的目光扫过他人时，眼睛所透露的只是一种淡淡的态度，这种不带任何笑意的眼睛和那张明朗的笑脸非常不和谐。主讲老师所表现出来的笑容并不是真正的笑，而是被强化培训出来的职业笑容。

在人类的活动中，用眼睛来表达的方式和内容非常丰富、广泛、含蓄、微妙，眼神的力量远远超出我们用语言可以表达的内容。尽管我们身体的所有部分都在传递信息，但眼睛是最重要的，因为它传送的都是一些最微妙的信息。目光在面对面地沟通交流中起着重大的作用，它决定着你能否有效地与对方交流。一个不会运用目光沟通的人不会是个高效的交流者。

目光接触是人与人之间进行思想交流的最基本方式，无论是生气还是喜悦，无论脸部表情如何变化，如果没有目光接触，就谈不上是真正的交流。这个在交谈中尤其显得重要，所有人都明白：专注地望着别人是最明显的“倾听”信号，也是在给讲话者反馈。我们都渴望听众把全部的注意力都给予自己，而目光不欺骗我们，它让我们知道，对方是否在倾听我们的谈话内容，是否在与我们进行交流，是否对我们的话题表示出很大的兴趣。全神贯注的目光让我们感到支持和力量，而微笑时真正带有笑意的眼神则会让我们真正感受到一个笑容的力量——或温暖，或鼓励，或坚强。真正的微笑能使我们对微笑者产生更美好的印象。

然而许多人却由于种种原因非常难以与人保持平稳、持久的目光接触，就如同很多腼腆的人不知应该把手放在哪里一样，他们的目光或是偏向一边，或是左顾右盼。这种躲闪的、飘忽不定的目光让我们怀疑：“他究竟在想什么？”因此，面对那些微笑时眼睛没有变化的人，就必须得谨慎了，千万不要给点儿笑容就灿烂，把自己的老底儿都和盘托出，不留余地！

## 4 手背擦眼睛可能是拒绝或嘲笑

“睁眼说瞎话”是一个常见的俗语。这个俗语体现了一系列的身体语言，包括紧绷的牙齿、虚伪的笑容和摩擦眼睛的动作。电影演员常常用摩擦眼睛的手势表现人物的伪善。在有些国家，例如英国，当人们不想对你吐露真心时，往往也会用这个手势加以掩饰。

一个男士在泡吧时希望钓个“金龟女”，他的猎艳标准是对方的行头价值几何。一个满身名牌、气质不凡的女孩正独自坐在那里饮酒，这位男士迅速锁定目标，端着酒杯款款走过去。“嗨，你好。”这位男士用惯用的开场白自信地和对方打招呼，他故意晃了晃手里的酒杯，红色的酒在杯子里流动了起来，“独乐乐不如众乐乐，不如我们一起喝个酒啊。”

女孩抬头看了看对方，微笑了起来，继续喝着自己的酒。这位男士感觉很好，他开始给女孩讲笑话，女孩一边听一边晃动身体，笑话讲完了，她呵呵笑起来，用手背摩擦起眼睛，好像开怀大笑令眼睛里进了些脏东西，而同时她的另一只手则晃着酒杯。男主人公仿佛得到了鼓励，他放下酒杯，用手去揽女孩的腰，但是非常意外，女孩将手里的那杯酒直接泼到了他的脸上，然后在他的目瞪口呆中走开了。

女孩虽然微笑，但是却用手背轻擦眼睛，很明显，女孩通过这个不经意的动作表示了对他已经心生厌烦，有拒绝和他进一步发展的态度了。如果男主人公能注意到这个动作，并理解它的含意，就不会遭受被泼酒的尴尬了。

当一个小孩不想看见某样东西时，他会用手遮住自己的眼睛。同样，当一个成年人看到某件令人倒胃口的事情时，他很可能做出摩擦眼睛的手势。这是大脑通过摩擦眼睛的手势企图阻止眼睛目睹欺骗、怀疑和令人不愉快的事情，或者是避免面对那个正在遭受欺骗的人。

男人在做这个手势时往往会使劲揉搓眼睛；如果他试图掩盖一个弥天大谎，则很可能把脸转向别处。

相比而言，女人更少做出摩擦眼睛的手势，她们一般只是在眼睛下方温柔地轻轻一碰。这一方面是因为淑女风范限制她们做出粗鲁的手势，另一方面也是为了避免弄花妆容。不过，和男人一样，女人撒谎时也会把脸转向一边，以躲开听话人注视的目光。

小马做推销员的第一份任务是上门拜访客户。他礼貌地敲开门，和对方打招呼。客户是位中年男子，他态度和善，一直微笑着听小马进行产品介绍。

小马一边说一边认真观察对方的神态，看到客户一直在微笑，心里高兴极了，心想：运气真不错，看这样子他应该对产品很满意，说不定最后能购买。但是在足足和客户介绍了四十多分钟后，当小马满怀期望地等客户下决定时，客户却以一句暂时没有需要就拒绝了，而且很快转身关门，将小马隔在了门外。

小马虽然看到了客户一直在微笑，但是他却忽略了这期间客户一直在不停地用手揉搓眼睛的动作。其实，这已经是明显暗示了：我对你的产品并不感兴趣，请你快点走开吧。作为推销员，尤其要对客户的每一个表情、神态的变化留意在心，因为那些都有可能是继续交谈或是拒绝合作的提示。

精明的职场人必须抓住客户的每一个细微颤动以及表情、神态的变化，及时从变化中推测客户的心理，识别对方底线，这是知己知彼百战不殆的一个途径。

## 5 边说边笑的人人缘好

边说边笑的人会让人觉得与他交流非常轻松愉快。这类人大都性格开朗，待人宽容，有一个好人缘，同时，比较懂得珍惜身边的人和事，较偏好平静的生活。

小宋在公司的人缘特别好，不仅同一部门的同事都喜欢和她聊天、交往，而且跨部门的很多同事也喜欢找小宋一起聊天、参加活动。所以，公司里总是能听到“小宋，小宋”的招呼声，伴随着这一声一声亲切的招呼，是小宋自己爽朗的笑声和噼里啪啦说个不停的嘴。

她总是能和大部分人打成一片，和这个人开个玩笑，和那个人聊个家长里短，其实那些聊天、活动都是很平常的内容，并没有更特别的方面，但是就是这样的一个小宋却很受大家欢迎，站在哪里都是被关注和喜欢的焦点。

小宋的人缘好在哪里？边说边笑是她好人缘的一个原因。

研究显示，人在微笑或大笑的时候，不管他是否真的有特别开心的感觉，他左半脑里的“快乐空间”都会感到兴奋，而脑电波也会因此而变得活跃起来，有研究学者专门针对笑容开展了无数次研究。在其中的一次研究中，实验人员的头部与脑电图仪相连，同时让实验人员一边观

# 1/25秒的智慧

边说边笑的人人缘好。

看喜剧电影，一边和周围的人进行交流，然后用仪器测量出其脑电波的活动。结果发现，边说边笑的人的脑电波以较大的幅度不断地跳动。这个研究也证实：边说边笑可以促进大脑活动，使人自发地产生快乐的感觉。

与这种人交谈时，你会被这种发自内心的快乐感染，让自己也感觉非常轻松和愉快。这种人讲话的一大特点就是：不管自己或别人的讲话是否值得笑，有时候连话都还没讲完就笑起来了。这并非是他们不在意与别人的交谈，我们只能说这种人“笑神经”特别发达。他们大都性格开朗，对生活要求不苛刻，懂得“知足常乐”，而且这种人特别富有人情味，所以，无论在什么地方，他们总有着极好的人缘，有着很好的亲和力，这为他们开拓自己的事业创造了极好的条件。

不过这类人大多喜爱平静的生活，缺乏积极向上的精神，对于特别喜欢追求发展的人来说，这类人未免会缺乏一点儿“上进心”。

边说边笑的人的另一特点是感情专一，对爱情和婚姻特别专一。如果你是他们最心爱的人，他们可以为你牺牲一切；但如果你让他们伤心透顶，他们则可能对你恨之入骨，因为他们大都对感情太过投入。

## 6 斜瞄式微笑独具魅力

很多男人都喜欢女人露出斜瞄式的微笑。因为这样的笑容不禁会让人联想到少年时的俏皮和暗藏心思。因这种微笑而著名的人当属英国的戴安娜王妃，她俏皮的微笑似乎有一种神奇的魔力，因为凡是见过她微

# 独具魅力的斜瞄式微笑

笑的人，无论男女，都会心悦诚服地拜倒在她的石榴裙下。戴安娜王妃全名戴安娜·弗朗西斯·斯潘塞，1961 年 7 月 1 日出生于英国诺福克一个有名望的贵族家庭，在瑞士受到了良好的教育。她成年后与英国王室继承人——查尔斯王子结婚。虽然很年轻，但是戴安娜迅速以她的善良和诚恳，尤其是独特而有魅力的笑容赢得了大众的喜欢，几乎征服了全世界。戴安娜典型的笑容是微笑时双唇紧闭，同时还低下头，歪向一侧，并且斜着眼睛向上望。就是这样的笑容为她赢得了“英格兰玫瑰”的称号，使她的知名度越来越高。

戴安娜王妃的这种微笑会让男人产生出一种想保护她的欲望，同时也让女人喜欢上她。对男人而言，这种既俏皮又有些腼腆的微笑是一种极具挑逗性的信号，也是一种鼓舞他们“向前冲”的暗示。所以，大多数女性会在求爱时使用这种微笑也就不足为奇了。现在，戴安娜王妃帅气的儿子威廉王子的脸上也常常会浮现出这样的微笑，相信除了有笼络人心的作用之外，这样俏皮的微笑恐怕也会让人们联想到他的生母吧！

在某一个相亲节目中，一起参加的十名女嘉宾中，小波的人气似乎是最高的。每一个上场的男嘉宾无一例外都会把自己的第一束花送给小波，主持人似乎也对小波偏爱有加，每次一有机会就让小波多发言。

其他女嘉宾很是费解，私下里小波在一堆姐妹里人缘是很好，可是她长相平平，并没有特别漂亮，论身材也是一般，怎么会那么有异性缘？最终还是在座的一位心理学家揭开了谜底。他说：“我看着各位女嘉宾依次上场，每位上场的女嘉宾都带着自信的笑容，可是唯独给我印象最深的是小波女士。因为她的笑很特别——微低着头，抬眼向上看，紧闭着双唇，但是笑得 却很有魅力。作为一名男性，我觉得她这样散发出了自然的魅力。”这位名叫小波的女嘉宾的笑容和戴安娜王妃的笑容有异曲同工之妙。

其实，无论何时何地，女性都喜欢在异性面前露出这种略有些腼腆害羞的笑容，因为她们知道这样做很容易引发男性体内的保护欲，使他萌生出保护她、呵护她的念头，轻松赢得他的心。如果你有中意的人，不妨试试这种斜瞄式的有非凡诱惑力的微笑。

## 7 随时随地大笑的人让人疑虑

微笑和大笑通常被认为是一种展示幸福与开心的信号。婴儿都是哭着来到这个世界的，但是，只需要很短的时间，他们就会学会微笑和大笑。大笑声调高昂，节奏清晰，很能制造热闹气氛，固然可以令人很愉快，但是随时随地都能大笑的人，就没那么简单了，如果真的碰到这样的笑，提醒你仔细观察下，因为，这样的笑颇有伪装的嫌疑。

随时随地大笑的人物代表当属曹雪芹先生在《红楼梦》中刻画的主要角色王熙凤了。在第三回中，王熙凤首次出场就被活生生地呈现在众人面前，令人怎么也不会忘记。当时的情景是：黛玉初进贾府，正依次与众人相见，“底下的人个个皆敛声屏气，严肃恭整”，偏巧在这时就有一个人从后院边走来边笑着说：“我来迟了，不曾迎接远客”。边说边笑一下子就把这个凤辣子的形象带到人前，以至于林黛玉暗暗纳闷儿：“这来人是谁，这样放诞无礼。”这边说边笑的安排一下子把人物擅长虚与委蛇的性格十分生动地刻画了出来。

# $\frac{1}{25}$秒的智慧

随时随地大笑的人让人疑虑。

刘姥姥初进贾府时王熙凤也是边说边笑出场。刘姥姥是来借钱的，身为贾府管家的王熙凤，在接待一个唯唯诺诺的小户人家的老人时却笑脸相迎，这是为什么呢？王熙凤这里的笑也不是单纯的笑，而是因为她想在别人面前表现出自己平易近人的样子，对自己的一个伪装罢了。

在现代社会高压力、强竞争的环境中，人们很难拥有像儿童一样无忧无虑、宽松自然、享受生活的人生态度。拥有没有安全感、突出自我、征服、贪欲、自私、放纵、残酷、悲观、消极等等不健康的心态，很难会有什么事情再引起他们的大笑，更别提开怀大笑了。有一些人并不希望自己的不开心被人洞察，因此便使用了假装快乐的伪装大笑。

人在开口大笑时，嘴巴张开，下巴低垂，嘴角上扬，给人一种很开心的感觉。然而，伪装大笑时，嘴巴张开的幅度不大，看起来有些不太自然，很做作。电影《蝙蝠侠——暗夜骑士》中蝙蝠侠的死对头就十分钟爱这种笑容，而且喜欢利用它在观众当中营造一种快乐的氛围，但结果却常常适得其反，让听的人感到毛骨悚然。

相比较之下，真正的放声大笑不仅能够使气氛更加融洽和谐，而且还有益身心，能够延年益寿。下次碰到一个随时随地大笑的人时，不妨谨慎一些，仔细感受一下对方笑声里的含意。

## 8 华丽妆容后的笑有讨好之意

华丽妆容后的笑一般是指女性的笑。女性为了把自己打扮得更加漂亮，会用各种化妆手段来美化自己的容颜。

曾有一位日本学者撰文指出，常化妆的女性一生中所要使用的基本化妆品中，化妆水为 980 升，营养霜膏为 25 千克，其他各类霜膏为 125 千克，营养乳液为 25 升，口红 400 克。这组数字，足以令男性大吃一惊。

那么，女人为什么要化妆呢？

自古人们就有“女为悦己者容”的想法。女性为了获得异性的欣赏，会用化妆的手段来弥补自己的面部缺陷，让自己看起来更美。

比如，丈夫和妻子要一同出席一个酒会，时间快来不及了，但妻子还在化妆。丈夫在一旁焦急地等待，看着她把各种粉末、各种液体、各种颜色不厌其烦地一层一层涂抹到脸上，又用各种器具在脸上左右开工。丈夫不禁感叹说：“女人真是爱面子不怕麻烦。”

其实，丈夫的认识错误了，女人并非只是单纯地爱面子，更深层的意义上说大部分的化妆都是为了取悦异性。所以，男人才是女人不厌其烦折腾妆容背后的“罪魁祸首”。但是有人可能发现，即使没有异性，只有女人参加的集会场合，很多女人也一样要涂脂抹粉，把自己装扮得非常漂亮，盛装出席。这又是为什么呢？参与调查了多项活动的心理学家给出了答案：女性之所以在女性面前盛装出席，是因为女性也有获得同性赞赏的欲求，这是她们之所以不松懈化妆的主要原因，此外，让自己获得内心的满足也是女性化妆的目的之一。

正因为这样的欲求所在，所以微表情专家能从一个人的妆容中分析出当事人彼时的情绪与心理变化。

喜欢化妆的女人，尤其是喜欢化淡妆的女人，虽然并不要求别人能发现自己，仍然也有希望给有幸或偶然间邂逅的人留下好印象的小心思。尽管她们当中大部分人没有太强的表现欲望，化妆也只是要求能过得去，简单地涂抹一下，使自己不至于太难看就行。但不可否认，这类女人大多比较聪明，充满智慧与理性，她们虽然不会轻易将时间和精力浪费在梳妆台前；但也希望通过简单的妆容赢得别人的尊重、支持和理解。这类女人通常都比较独立，能闯能拼，所以大多能获得成功；她们大都能保守秘密，甚至会珍藏一生也不向他人透露。

那些喜欢浓妆的人的性格则与喜欢淡妆的人完全相反，她们通常表现欲望很强烈，能够耐心地完成复杂又麻烦的化妆工作，并同时忍受痛苦用各式工具修饰五官，因为她们只有一个目的：那就是用最显著的方式最大限度地赢得他人的关注。尤其是那些她们倾心的异性的欣赏往往使她们心甜如蜜，使她们更加执著于对妆容的追求和投入。前卫和开放是浓妆女人典型的思想特征，虽然讨好意味强烈，但一点儿也不影响她们的个人魅力——大胆、偏激的行为，热情的态度，真诚、热忱的心，自重同时尊重他人的修养。

和前面两种同样有讨好心思但不同表现的人相比，还有一类人则倾向于化妆时特别在意某一处。这样的人通常对自己有相当清楚的认识，非常了解自己的长处和短处，她们清楚，想要让别人对自己产生百分之百的好感，就必须扬长避短。这类女人非常有自信，她们讨好的妆容充满了更多展示自己风采的方面。这类女人坚信付出就会有回报，所以会脚踏实地为自己的目标奋斗。把化妆看做是一种着重突出自己优点的简单手段的女人很讲究实际，注重现实，比较理性，会现实地对待生活中出现的各种可能意外，她们基本上不会长期沉浸于虚无缥缈的幻想之中。相反，遇事冷静沉着，对事情的判断坚决果断是她们最明显的特点之一。不过这类人也有一个弱点，那就是往往不能纵观全局，这常常导致她们付出了大量的辛苦努力却换不回相应的收获。

还有的人喜欢化怪妆。喜欢尝试冷门造型，比如大面积甚至有点儿吓人的烟熏妆、怪异的唇膏颜色、夸张的妆容对比带来的强烈视觉冲击等。

喜欢化如此怪妆的人往往亲身试验种种怪状，通过尝试怪异的造型宣泄自己的情绪，以这种相反的方式赢得他人的注意。这类人通常具有强烈的反抗心理，一个很好的例子：新近流行天后 lady Gaga 未成名前在寄希望于从典型的摇滚歌手中脱颖而出时曾选择吸毒、跳脱衣舞，成名后则以怪异和出其不意的大胆造型成功吸引了全世界的目光，在众多流行歌手中脱颖而出。

由上述可见，不管是淡妆、浓妆还是怪异妆容，都不排除有讨好他人，亮出自己的意向，只是在展示自己的程度上略有区别罢了。因此，女性不妨灵活变换一下自己的妆容，争取在不同场合都能正确且有效地吸引他人的目光，获取关注。比如，如果约会或工作上有重要的提案要进行的时候，应该略化一些浓妆，因为浓妆可以让你看起来光彩照人，充满干劲。心理学家的研究表明，化比平常浓的彩妆，会提高自信心与满足感，变得活跃、具攻击性，也变得较具社交性。不过，浓妆不宜过浓，也不宜过频繁，因为心理学家同时发现，浓妆同时也容易让人的情绪变得焦躁多变，这是因为“浓妆让人时刻注意到和平常的自己不同”，并会为此感到不安。

此外，还应注意不管选择什么样的妆容，都绝对不应该忽视对眼睛和唇部的描画。眼睛给人的印象取决于眉形与眼线。眉毛描绘成细细的弧形，再画鲜明的眼线，就会给人华丽的感觉，约会时或者在一家有风雅气质的地方聚会时不妨尝试下这种妆容。搭配玫瑰色系的口红，将上唇仔细描绘出锐角，会加强华丽的印象。

平直上扬的眉形，以深色醒目的眼线，配上强调唇线的深红色的唇，会给人意志极为坚强的印象，在讨好目标群体的同时，也让人深感强烈与坚决强硬的态度。这种强硬感的妆，在提案会议、报告或发表意见时，可以做你的后盾。即使实际上自己很紧张，也能隐藏情绪，不论是在言语还是动作上，都能让你看起来充满自信。

自然往上扬，但尾端突然往下的眉形，帮助你营造出俏皮可爱的形象。画上淡淡的眼线，口红涂得比实际的嘴唇轮廓大一些，然后再迅速地回眸一笑，就能给人魅力十足的女性印象。约会时用这种妆容可以成功展现你的迷人女性气质，让约会对象对你过目难忘。

# 第五章

## 魔术手臂：他的心思手臂最知道

手臂是人身体第一大自由活动的器官，它身兼多职，还可攻可守。这注定手臂是心思最多也是最容易暴露的器官之一。单独的手臂行动有可能会暴露对方的自信或愤怒的小心思，如握拳；组合活动有可能暴露对方质疑的心理，如摸耳朵；犹豫的行为可能暴露对方主动的攻势，如先凝视再握手的姿态……这些只需要你观察就能全部了然于胸的小动作其实都属于微表情的范围。

## ①拳头紧握或是自信或是愤怒

手掌朝外是一种友好姿势，表示一个人想和别人和平相处。朝外的手掌代表的是一种宽容、善良以及海纳百川的胸怀。但是，当指关节冲外，手掌圈起成拳头状时，所表达的情绪正好相反：这是一种自我保护的表现，拳头紧握的人实际上正在向对方宣战，那意思就是："小心点，否则会让你吃上一拳。"

小牛和几个要好的朋友一起聚餐，席间谈起了大学毕业后各自的发展状态。以前成绩不好的老罗现在是一家公司的经理，买了房，娶了媳妇，衣食无忧；总是逃课的老王如今创业成功，成了一家小饭店的老板，正在琢磨着开一个分店；即使是当时觉得最没发展的小何也国外留学归来，在一家外企就职，工资不菲。只有小牛，如今还是一个普普通通的员工，跳了几回槽，待遇不高不低，没有房，没有女朋友。每个人都多喝了几口酒，说着说着谈到了当年各自的理想，老王突然醉醺醺地说道："想当初，小牛还是班里的学习委员，哈哈，真是笑话，现在就属你混得差啊。"尽管知道这是个笑话，但刚才热闹的气氛突然冷却了下来，小牛涨红的脸后面是一双握得紧紧的拳头。

# $\frac{1}{25}$秒的智慧

愤怒的拳头

紧握的拳头在这里代表了一种气愤、激动或者害怕的状态。仔细观察，你会发现在不少动画片与影视剧里都会借用紧握且摇晃的拳头来展现人物激动的内心。

一般情况下，在庄重、严肃的场合宣誓时，必须要右手握拳，举至右侧齐眉高度。有时在演讲或说话时，握紧拳头，则是向听众表示："我是有力量的。"但如果是在有矛盾的人面前握紧拳头，则表示："我不会怕你，要不要尝尝我拳头的滋味？"由此看来，握紧拳头能给人带来力量和安全感。

总是紧握着拳头的人，可能是缺乏安全感，所以防御意识比较强。从心理学的角度来看，这是人的情绪发生变化时，由内而外的表现。一般是由于压力、紧张或愤怒等情绪使体内肾上腺素升高，而不由自主的一种外在表现。

紧握拳头的人并不一定是准备随时去攻击别人，可能只是提防别人的攻击。他们做人的信条很可能就是"人不犯我我不犯人，人若犯我我必犯人"。

除了缺乏安全感以外，经常握着拳头的人，是能够关心体贴别人、富有同情心并且又能善解人意的人，冲动起来会便伴有咬指甲的行为。这无疑是一种紧张、恐惧的状态，说明这一类人是很缺乏安全感的。

演讲者如果讲话时握紧拳头，证明这个人很自信、很有感召力；但在日常生活中，我们与人发生不愉快时，请把你的拳头藏起来，而不要握起拳头在对方面前晃动。那样做的结果，势必会引起一场打斗，这是不可取的。同时，总握着拳头，也会很容易让人发现你内心缺乏安全感这一弱点。

## ② 总是摸耳朵可能表示怀疑

耳朵位于眼睛后面，它具有辨别振动的功能，能将振动发出的声音转换成神经信号，然后传给大脑。在脑中，这些信号又被翻译成我们可以理解的词语、音乐和其他声音。同时，也是我们逃避信息的一个小工具。

小刘正在向老板汇报近期的账目情况，他一边展示着相关数据，一边作着说明。老板非常用心地看着每一笔开支，当听到最近的一笔办公用品采购花费时，老板动了动身子，伸出手摸了摸耳朵，把拿在手里的账本前后仔细翻了几页。小刘心里有点儿吃惊，他瞄到老板翻看的那几页，正好是自己这次没做比价报表就急忙采购回来的账目信息。

其实，在老板用手摸耳朵的时候，就是对账目表示怀疑的时候。

我们知道，如果小孩子不想听到什么话，他的反应通常是迅速用手捂住耳朵，这种习惯跟随孩子长到成年。但是当一个成年人对另一个成年人的所作所为表示怀疑时，碍于礼貌，不会当场提出，却会不由自主地用手摸耳朵，有时眼睛还会漫不经心地往桌上看。如果你发现和你谈话的对象正在这么做，毫无疑问，他正在试图分散瞬间的不快，内心的声音也在呐喊："真的假的？我可不太相信。"

抓耳朵、拉耳垂，或是把整只耳朵按住以掩住耳孔，这些小动作都有可能说明本人并不相信对方所说的话或提供的信息，他们用这些小动作来掩饰自己内心的怀疑与怒气。抓挠耳朵的手势也有多种变化，包括

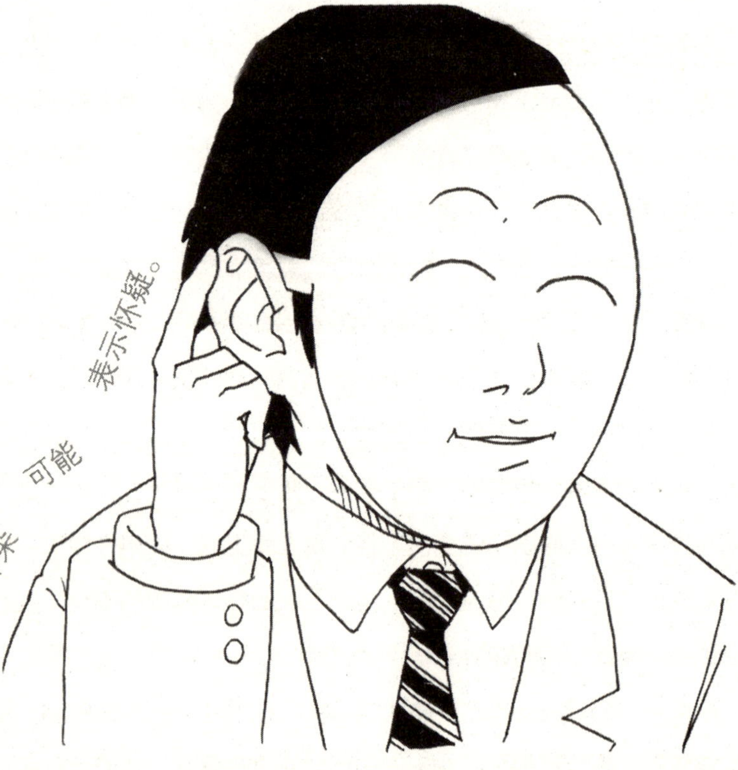

摸耳朵 可能 表示怀疑。

摩擦耳廓背后，把指尖伸进耳道里面掏耳朵，拉扯耳垂，把整个耳廓折向前方盖住耳洞等等。“我不想听它！”当人们觉得自己已经听得够多了，或者想要开口说话时，也可能会做出抓挠耳朵的动作。

和触摸鼻子的手势一样，抓挠耳朵也意味着当事人正处在焦虑的状态中。查尔斯王子在步入宾客满堂的房间或者经过熙攘的人群时，常常做出抓挠耳朵和摩擦鼻子的手势。这些动作显示出他内心紧张不安的情绪。

然而我们从未在照片或者是影像资料里，看到查尔斯王子在相对安全私密的车内做出这些手势。

抓挠耳朵的手势表示出听话人“非礼勿听”的企图。面对这种尴尬的状况，你不妨试试这么做：首先想想，你所说的话是否肯定正确，如果不太肯定，最好迅速转换话题，或在陈述末尾加一句：“我也不太确定，回头查证一下。”如果能保证消息准确性，可以在陈述同时，十指交叉，摆在桌上。借用这个动作向对方表达自己的自信，同时要记得面带微笑，否则容易让人误以为这个动作是在给他施压。

## 3 胸前抱臂身体靠后表厌烦

双臂环抱是一种保护性姿势。早在远古时代，我们的祖先就已经学会了躲在障碍物后寻求保护的自卫方法。随着我们逐渐长大，我们逐渐学会了将双臂紧紧交叉抱于胸前来保护自己的动作。当长到十来岁的时候，我们又学会了掩饰，知道可以通过稍稍放松手臂以及配合以双腿交叉的动作来隐藏环抱双臂这一动作的自卫性，从而掩饰我们内心的恐惧。

例如，丈夫正在为昨天的晚归向妻子进行解释，他喋喋不休，话越说越多，把各种细节说得都无比清楚，可是在一旁聆听的妻子，从开始的怒气冲冲渐渐变得面无表情，她先是坐在那里，胳膊放在桌子上，然后在丈夫说话的间隙站起来开始走动，最后她靠在了门框上，双臂抱胸，冷冷地盯着还在不停解释的丈夫说道："够了，每次理由都是一大堆，我只是想听你说一次真话而已。"

随着年龄越来越大，在我们的刻意掩饰之下，双臂环抱于胸前这一动作的防御性也显得越来越不明显。不过，每当感到有危险，或遇到不愿遇到的事情时，我们都会下意识地将一只或两只手臂交叉抱于胸前，用自己的肢体形成一道身体防线，抵抗外来的危险，从而达到保护自己的目的。交叉抱于胸前的双臂可以保护心脏、肺这些重要的生命器官，所以，这一动作很可能是源自人类天生的本能。猴子和猩猩在遇到正面进攻的时候，也会做出同样的动作来保护自己。不管怎样，有一件事情是可以肯定的：

当一个人感到紧张不安想保护自己，或不愿接受他人意见的时候，他很可能会将双臂交叉，紧紧抱于胸前，借此告知对方他有些紧张或不安。

当上司双臂环抱时，说明他在潜意识中抵触眼前的人；而身体靠后意味着上司刻意与你拉开距离，意味着他想结束本次谈话。上司的潜台词是："我已经烦了，你赶快走吧。"

你可以这么做：无论说没说完，都要在最短时间里结束本次谈话。千万别试图用最后几秒说清自己的观点，上司的时间有限，还是下次说比较好。这时你可以也把身体往后仰，让上司看出你没有久留的意思。另外，这时不要再提重要观点，因为即使说了，上司也不会在意。

## 4 双臂交叉或是拒绝或是有安全感

每个人站立的姿势大都是不一样的，比如有些人喜欢双手交叉抱于胸前，两脚平行站立。

站立时有这种举动的人，对于他们来说几乎就没有迈不过去的坎儿，即便遭受很大打击，也能迅速振作起来。他们的自我保护意识比较强，会不时地与非常熟的朋友保持距离，给人一种难以接近的印象。有时会过分重视自己的利益，往往因此而伤害到集体的利益，因此集体感不强。

双臂交叉抱于胸前，也是一种防御性的姿势，保护自己免受眼前的威胁。这是一种心理上的防护，也表示对眼前人的排斥。习惯于保持这种姿势的人，大都叛逆性很强，有很强的排斥感。也有一些人在思考事情时，习惯将双臂交叉抱于胸前。不过喜欢这么做的人，基本上警戒心都很强。

他们习惯在自己和他人之间画下一道防线，不喜欢跟人太亲密。他们永远和对方保持适度的距离，冷漠地观察对方，而且有些特立独行，不考虑他人的意见，很容易与他人形成对立。年轻女性如果经常摆出这种姿势，则会给人一种冷漠的感觉，不易获得爱情。

另外，把双臂抱在胸前还非常明显地说明了此人想要掩饰什么。伴随这种姿势的还有紧张和不安的情绪。他们可能拒绝你提供的任何方案。所以当我们看到某人把双臂交叉放在胸前的话，则意味着此人想撤退。不过，胸部很丰满的女性或者感到不舒服的人常常也会采取这种姿势。

在工作中，这种人的创造力比其他类型的人更丰沛、发挥得更淋漓尽致，并不是因为他们比其他人更聪明，而是他们比其他人更敢于发挥自己。

在生活中，如果遇到不平的事，最先站出来反对的也一定是他们，因为他们身体里流淌的是好斗的血。所以，我们在识人的时候，如果看到某人常常摆出双臂交叉抱于胸前的姿势，我们就要注意尽量不要与其发生冲突，以免因为他们的好斗和攻击性，弄得两败俱伤。

总的来说，这类人是不易接近的。如果他们在谈话时身体微微往一边倾斜，则表明他不喜欢你，你最好找个理由赶紧离开。

所有的肢体语言所传递的信息，无论是对接收者而言，还是对发送者而言，都是一样的。但是，当你将双臂交叉抱于胸前，就好比在你与对方之间筑起了一道障碍物，将你不喜欢的人或物统统挡在外边。可能个人觉得将双臂交叉抱于胸前的姿势会让人觉得很“舒服”。但是，研究表明，面对这样的姿势时，对方对双臂交叉的人的态度也同样是否定或消极的。所以，每个人无论何时何地，都应该尽量避免做出交叉双臂的动作，除非你刻意地想告知对方，你并不同意他的观点，或者说你不想参与其中。

因此，当你与他人交谈时，如果看到对方摆出了双臂交叉的姿势，那么你就应该立刻意识到自己是不是说了一些与对方观点不同的话。在这样的情况下，即使对方口头上表示赞同你的观点，你也已经没有必要再将谈话继续下去了。因为，他的肢体语言已经很明确地告诉你，他并不赞成你的话。事实就是，肢体语言远比有声的话语更加诚实可靠。

## 5 两手叉腰易造成对他人的冒犯

在动物世界中，动物在搏斗或者求爱的时候，为了让自己的身躯显得更强壮，鸟儿会抖动自己的羽毛，鱼儿会吸入大量的水以促进身体膨胀，猫和狗会努力让身上的皮毛竖立起来。而对于体毛并不丰富的人类来说，在感受到恐惧或者愤怒时，已经没法像远古的原始人那样，通过竖立毛发让自己的身躯显得更加伟岸。于是，人们创造了一种能够让身躯显得更加伟岸的姿势——两手叉腰的姿势。

不同的人在不同的场合都会做出两手叉腰的动作。例如，小孩子向父母辩解时，运动员等待比赛开始时，拳击手期待下一回合开打时等。当男人的领地被其他男性闯入时，他们也会用这样的姿势向入侵者发起无声的挑战。两手叉腰的姿势能够让我们占据更大的空间，同时往外凸出的手肘就像武器一样，可以起到威慑他人的作用，阻止其他人靠近或者穿行于自己的领地。这样的姿势显示出对战斗准备就绪的状态，据说战争中的很多领导人物都喜欢使用这一姿势。

两手叉腰的动作非常具有侵略性，它似乎对外宣扬了一种“我是主人，你们都应当听从我的指令”的信息，哪怕只是单手叉腰的动作，也

1/25秒的智慧

两手叉腰易造成对他人的冒犯。

仍旧会十分明显地传递出攻击性的讯息，特别是当弯曲的手肘指向攻击对象时。虽然这个姿势通行于全世界，不过，在菲律宾和马来西亚，这个姿势所传达出的气恼与暴怒的讯息更为强烈。这个两手叉腰的姿势之所以能够展现出当事人随时准备发起攻击的状态，就是因为叉腰这一动作能够让当事人浑身上下都笼罩着微妙的攻击性气息。

两手叉腰的动作似乎是已经准备好要做某件事的预备姿势，所以这个动作也被称为成功者的姿势，因为它显示出当事人对既定目标的志在必得，或是对某件事情有备而来。男人经常会对女性做出两手叉腰的姿势，以此显示自己充满男子气概的自信风度。

两手叉腰的姿势能够让人显得更加魁梧和出众，因为这样一来身体就占据了更多的空间。在某些场合，叉腰姿势又非常容易导致对别人的冒犯。因此，要想看上去具有支配性，就要给人留下这样的印象：身强体壮，沉着稳定，对别人的任何威胁都不放在心上，这不一定必须要用双手叉腰的方式完成，你也可以试试是单手“叉腰”。

当我们看到一个人两手叉腰的时候，应该结合具体情境以及他在此之前的肢体语言，来进行综合考量，这样才能保证我们对他的态度作出准确判断。

## 6 紧紧合抱双臂或是紧张或是防御

通常，双臂交叉合抱于胸前有三种意思：一是表示感觉冷；二是表示内心焦虑不安或紧张恐惧；三是表示防御和拒绝。

当感觉寒冷时，人们会很自然地将双臂交叉合抱于胸前，然后用一手或两手上下摩擦所接触的上臂。这种驱寒方式实际并不能带来多少热量，但它却能够使人通过自我接触获得一种温暖的心理安慰。内心焦虑不安或者比较紧张时，人也容易做出双臂合抱的动作。该动作有自我保护之意，更多的时候，这个动作会被用来传达“防御”或“拒绝”之意。

倒退一步、合抱双臂是一种“撤退的姿势”，做出此动作的人很明显感到紧张，并对自己所说的话没有信心。与梁朝伟终于结婚的刘嘉玲对梁太这个称呼似乎并不太感冒，因为细心人发现，每当香港记者一叫“梁太太”时，她就会本能地后退一步，拉开距离。一次，在和某位记者谈到婚后怀孕生子话题时，刘嘉玲下意识地合抱起了双臂，这个动作明显表明怀孕生子的问题让她感到了紧张，为了保护自己，于是她故意人为设置屏障，阻止话题继续下去。

将双臂交叉抱于胸前，就等于在自己与对方之间建立起了一道障碍物，这道障碍物能够将其不喜欢的人或物统统挡在外边。或许你注意过，在排队等候时或在拥挤的电梯里，许多人会下意识地做出这个动作，以掩饰在周围聚满陌生人时内心的不确定或不安全感。

某市政府曾经组织过一次辩论会，辩论的焦点是房地产开发商在开发过程中的伐树问题，与会者则是开发商代表和绿化环保代表。显然，这次辩论会的双方有着比较突出的矛盾。

辩论会一开始，双方便剑拔弩张、唇枪舌剑起来。有意思的是，除了言语上的往来外，双方均使用了一个相当一致的肢体语言——双臂交叉合抱于胸前。在主持人发言，正式辩论即将开始时，有将近半数的与会人员出现了这个姿势；当开发商代表发言时，绿化环保代表中保持这一姿势的人数比率迅速上升到了90%；而当绿化环保代表开始发言时，开发商代表又几乎都摆出了这个姿势。

显然，故事中的辩论双方都是在以这种姿势传达着对对方观点的拒绝和否定，同时传达着对自身观点的坚持和维护，表明自己不会轻易被说服，对方很难化解他们的敌意。

现实生活中，这样的场景有很多。许多演讲者之所以没能成功地将信息传递给观众，就是因为他们没有留意到观众这种交叉双臂的姿势；推销员之所以没能够成功推销自己的产品，有时候也是因为忘了对方摆出此姿势的含意；商务谈判的双方之所以没能说服对方接受自己的条件，就是因为没能化解该姿势所传达出的对方内心的敌意等等。

相反，如果是一个经验丰富的人，当他们看到自己的听众摆出了这样的姿势就知道自己必须改变策略，迅速驾驶一艘性能良好的“破冰船”，击碎自己与听众之间的冰山，以便更好地吸引听众，说服对方，直到他们改变姿势，将原本的否定转变为肯定。

由此可知，当我们与他人交谈时，一旦看到对方摆出了双臂交叉的姿势，我们就该立刻意识到自己已经不受欢迎了。这时候应该迅速反思：我是否说了一些让他不高兴的话？我是否表达了他不能同意的观点……如果你希望谈话继续进行下去，那么就该想办法找出让对方出现这种姿势的原因，然后对症下药，尽快使对方转变态度。如果暂时找不出原因，但希望对方改变这种姿势，那就要点“小手段”吧：找一件必须让对方用手来接或用手握着的物品，或是找一件必须让对方放开交叉的双臂才能做的事情，以此迫使他们改变姿势。譬如，如果你在演讲中遇到这种情况，就给听众来次简单的笔头测试；如果你在推销中遇到这种情况，那就把手里的宣传资料给对方一份；如果你在谈判中遇到这种情况，那就把一杯水递到对方面前等等。

稍微留意一下，你可以在很多人身上发现这种颇有排斥意味在里面的合抱姿势。如果你发现自己也做出了这样动作的话，那么，不妨调整一下双手的位置，试试垂下双臂，换成手握手的姿势，或者靠在门边，尽力站直，这一点小小改变可以让你感到放松，并且感觉更加自信。

## 7 不经意的十指交叉透露他正沮丧

十指交叉也是常见的姿势之一。十指交叉举在面前，面带微笑，或者十指交叉平放在桌面上，这种动作常见于发言人正处于心平气和或娓娓叙谈的时候。乍一看，似乎采用十指交叉的动作表明很自信，但有时并非如此。经过心理学家的研究发现：摆出十指交叉姿势的人很可能内心动荡，正陷入一种不安的心理状况，他努力用手指环环相扣的方式掩饰自己的沮丧态度。

千万不要误认为十指交叉是很自满的意思。事实恰恰相反，将十指交叉，遮住一半面部，一般都是在隐藏自己的感觉。当然，这种动作也有表示对抗情绪的意思，表示对你所说的东西不感兴趣。而如果他忽然把手松开，配合着上身前倾，这说明他想发表自己的观点，或者想离开，却又碍于面子，不好表达。十指交叉有时还表示焦虑、紧张不安的情绪。

某个警察局破获了一个重大的连环杀人案件。犯罪嫌疑人被抓以后，审讯就成了一件十分棘手的事情。因为那是一个极其聪明而且反侦查能力很强的男人。男人的态度很明显，非常配合，但就是不说实话。问口供的人都是极有经验的老警察，虽然知道男人说的话是非常明显的假话，但却拿他没有丝毫办法，因为他的谎言滴水不漏，无论如何都发现不了破绽，也无法确认他的话哪句是真，哪句是假。

这种状态僵持了数天之久，大家想了很多办法都无能为力。这时，一个曾经学过心理学的同行提供了一个方法。

再次审讯时，问询人员专门在问询室安排了一名摄像，然后开始提出各种各样的问题。审讯结束后，通过反复看审讯过程的录像，他们发现在回答提问的问题时，犯罪嫌疑人的手势有明显的改变。比如，在回答一部分问题时，他的双手会比较自然地放在腿上，而且一般会一动不动；而回答另外一部分问题时，尽管他的眼睛依然会十分镇定真诚，回答的内容也挑不出任何毛病，但他的双手却会在不自觉中做十指交叉状，而且不断用一只手的拇指轻轻摩擦另一手的手背。

以此为线索，警察很快就发现了更多漏洞，最终将这个罪大恶极的家伙绳之以法。

上述案例中的十指交叉是帮助警察找到对方谎话漏洞的重要工具。一般来说，做出十指交叉手势，手的位置的高低似乎与消极情绪的强弱有关。有的将十指交叉放在膝上，也有的站立时将十指交叉放在腹前。就交往的经验而言，高位十指交叉比中位十指交叉更显得高深莫测。正像所有表示消极情绪的姿势一样，要想让使用这个姿势的人打开紧紧交叉的十指，都需要用某种努力来完成。否则，对方的不安和消极是无法改变的。

比如，十指交叉，但自然放置，多是说话者比较自信的信号。使用这种手势时，人们往往会神情坦然并且面带微笑。英国的伊丽莎白女王在出席皇室访问以及参加公众活动时，就经常使用这个手势，在做这个动作时，微笑的女王常常会把双手优雅地放在膝盖上。

十指交叉时，如果双手紧握，常常是拘谨、焦虑、消极、否定等心理的外现。由此可知，当在谈判过程中某人使用该手势时，则证明该人已经有了挫败感，连他自己也认为自己的话缺乏说服力，开始自我否定。

十指交叉，自然放于身体胸腹之间是一种传达“拒绝”心理的手势，也在一定程度上意味着挫败感。如果在交谈过程中，对方出现了这种手势，那么进一步沟通就会相对困难。这时候，如果你希望交谈进行下去，就要立刻采取一些行动，解开对方那些缠绕在一起的手指，比如给他一杯饮料，或其他需要用手握住的东西。不然的话，他交叉于胸腹部的双手会像交叉于胸前的双臂一样，将你所有的观点和想法全都拒之门外。

十指交叉放于大腿，两拇指尖相顶的姿势表示说话者不知如何是好，也就是当下的情境或话题让他感觉进退两难。如果遇到这种手势，仔细去观察一下，伴随着这个动作，对方往往还会有放缓语速，甚至有咬下唇的动作出现。

十指交叉，一手拇指向上伸直，或者是两手拇指都向上伸直，拇指尖不顶在一起。这个动作的含意是：我很自信，我对自己所说的话十分有信心，对我们所谈的事情也给予十分积极的态度。

十指交叉，眼睛盯着对方是一种忍耐之态，多表示该人正在努力压制自己的不满或反感之心。

十指交叉，交叉的双手被置于脸前时，是很明显的“敌意”动作。该动作表示对对方已经心存不信任等消极情绪，不希望谈话再进行下去。

关于十指交叉时，两手拇指的交叉顺序，也有人给出了有趣的解读，比如，两手交叉右手拇指在上的人多是“理性的”、“现实的”、“积极的”、“控制欲强”的人。左手拇指在上的人性格往往是“直觉型的”、“幻想型的”、“协调型的”、“从属型的”。

## 8 摩擦手指可能是紧张

摩擦手指的动作体现的是一种拘谨、焦虑的心理，或是一种消极、否定的态度。

人们通常会用揉搓拇指和食指指尖的动作来暗指金钱，或是表达索取金钱的意愿。因为，这一动作与用手指指尖摩擦硬币的动作实在是太相似了。那些在大街上叫卖的人经常会一边叫嚷着“看一看了，比商场便宜 40% 了”，一边揉搓自己的拇指和食指的指尖。当某人向其朋友借钱时，也常常会在说“能不能借我 50 元”的同时，向身边的朋友做出这一动作。

用一只手的手指摩擦另一只手大多数时候表现出的是一种负面心理。当处于怀疑或压力状态下时，人们多会在这个动作基础上用一只手的手指（通常是拇指）去摩擦另一只手的手掌。按照心理学的说法，这种自我接触会产生一种安慰大脑的功效，因此，它揭露了做动作的人内心的焦虑不安和复杂多变的心理活动。

举起的双手如果握在了一起，即使做此动作者面带微笑，也难以掩饰其心中的失落与挫败感。谈判专家尼伦伯格与卡莱罗曾经针对这一动作开展过专项研究。其结果显示，如果有人在谈判中使用了该动作，则表示此人已经有了挫败感。这就意味着在他的心中，焦虑与消极的观点开始蔓延。

一位年轻漂亮的女士和一个男士吃饭。女士什么都吃，而瘦点儿的男士皱着眉头，举着双筷子将盘子里的菜翻来拨去，看来食物有点儿不太合胃口。

看到瘦点儿的男士一直不怎么吃，女士有点儿不开心，她轻声开导男人说："这么大的人了还挑食，要营养均衡才行啊。"连说了三遍，瘦点儿的男士抬起头看了看女人，笑了笑，然后开始吃一盘肉菜，漂亮的女士没有再说话，而是放下了筷子，拿起杯子开始喝饮料，放下杯子的时候她双手撑在桌子上，不自觉地用右手摩擦起了左手的手指。

通常来说，人们会在感到自己的话缺乏说服力，或是认为自己已经在此次谈判中落败的时候，会做出这种紧握双手的动作。

摩擦手指的动作大致有三种姿势：将双手举至脸部，然后无意识摩擦；将手肘支撑在桌子或膝盖上，然后摩擦；站立时，双手在小腹前摩擦。

在身体的中间部位握紧的双手挪向身体的下部，在这一动作中，双手位置的高低与此人心理挫败感的强烈程度有十分密切的关系。换言之，当一个人将两只手抬得很高而且双手紧握的时候，即双手位于身体的中间部位时，要想与他有进一步沟通就会变得很困难。相比较而言，当他的双手位于身体下部的时候，想要与他交流就会显得更加容易。

摩擦手指可能是紧张。

因此，一旦你发现对方将手放到了“雷区”之中，就需要像破解其他那些消极动作一样，立刻采取行动，用技巧解开原本缠绕在一起的手指。例如，你可以为他们提供饮品，或其他一些可以握在手里的物品。不然，摩擦的双手就会和交叉的双臂一样，将本人的所有观点和想法全都拒之门外。

## 9 托盘式姿势暗示不耐烦或者倾慕

学会解读双手的肢体语言不仅会让人显得更加自信，而且还能够增强自身的成就感，赢取更多的胜利。

当别人做出竖起食指，挨着脸颊，把大拇指抵在下巴上这种托盘式姿势时，一些人可能误以为他正在思考自己刚刚说的话，但调查案例表明，更多情况下，这个动作的真实含意是表示对方对你的话或行为开始感到厌倦。如果此时仍滔滔不绝，对方可能还会用食指摩擦眼睛，这意味着，如果你再说下去，对方可能会睡着，也可能突然起身离去。

手托腮时，如果食指和中指紧贴脸颊，说明他正对别人的发言进行深入思考。但是如果手腕处托着下巴，才说明这个人对会议或别人的发言漠不关心或是毫无兴趣。对方的潜台词是“我的时间很宝贵，我们的谈话时间太长了。”

有时为了变换这种单一的动作，对方可能会加入别的小动作，比如，手在桌子上无意义摆弄滑动，或伸进口袋里摆弄钥匙等物品。这时，你可以这么做：如果你手里有文件，最好把它递给上司，巧妙地让上司改变姿势，他的态度也会随之改变。更重要的是，迅速想想今天的谈话重点，把没说的赶快说出来，加快语速，让上司明白，你正为缩短谈话时间而努力。

当然，这并不绝对，有时，这种托盘式姿势也暗示着正在宣扬自己的权威与心情。如在向心仪的对象表达爱意时，还能发挥积极的正面效应。使用这一姿势的多为女性，她们通常都是借此来吸引心仪男性的注意力。

有一对男女面对面坐着聊天，男士正在侃侃而谈，女士将一只手搭在另一只手上，双手撑住下巴，微微抬头将脸迎向对方，此时她的表情一定是满眼崇拜，而女士的这一表情会极大地助长男士的自信，因为这一动作配以崇拜的表情，它要表达的意思是："你好厉害，我好崇拜你！你是我见过的最博学多识的人！"

在这里，女士做出的"一只手搭在另一只手上，双手撑住下巴，微微抬头将脸迎向对方"的动作，就是一个常见的恭维对方的托盘式动作。女士认真倾听着男士的侃侃而谈并且做出托盘式姿势，该动作的含意可能有三种情况：

第一，女士被男士的学识和口才所征服，不由自主做出仰慕的动作——托盘式姿势，此时该动作是完全自发的，是人在感情的驱使下自然地做出的一个动作，很多人在倾听有才华的异性讲话时都会做出这种动作，这表示动作者将听对方说话作为一种身心的享受。

第二，女士被男士的外貌所吸引，在这种情况下，女士因为陶醉于欣赏男士俊颜的情境中而自发做出托盘式姿势。此时女士的心思并未在双方的交流情境中，她可能并未听进去对方在讲什么，只是以口头的"嗯啊"随意应付，这是我们生活中常见的典型的"花痴女"。

第三，女士对男士倾慕已久，所以她想主动传递给对方她的好感和倾慕之意。这时她的托盘式姿势是有意识做出的，这个姿势会让女人看起来更妩媚更温柔，而且表意更明确。这种情形就好像是女性将自己的脸当成一件精美的工艺品。

仔细观察我们就会发现，做出托盘式姿势的人多为女性，这个动作被认为是女性意味比较强的动作，男士做出这个动作会有失男性的阳刚之气。

有很多销售培训师认为，如果女性有和男性同样的压力承受能力，女性将会比男性更适合作销售，原因是女性有很多巧妙的传情达意的小动作。

例如，当一个女性推销员在认真地推销某产品时，她眼中流露出的诚恳更容易让人相信；当一个女士做出托盘式姿势时，坐在她对面的人就会很容易接受她的敬佩恭维之意，而且男士的控制欲往往很强，在看到对面的女士做出表示仰慕和恭维的托盘式姿势时，男士就会认为自己征服了面前的女士，因而信心大增。

除了前面所讲的倾慕之意，托盘式姿势还不可避免地会传达出讨好恭维之意。因为托盘式姿势是认真倾听者不由自主会做出的一个动作，当演讲者看到听众做出托盘式姿势时，他接收到的信息是："他对我的讲话很认同很感兴趣……他甚至在思考……"而实际上，做这个姿势的人也许并不是在认真倾听，也许不是十分认同对方的观点，他的这个姿势只是为了讨好、恭维对方。

既然托盘式姿势能表现对异性的倾慕之意，对朋友或者领导的讨好恭维之意，那么，我们应当学会合理运用这个肢体动作，让它为我们的人际交往助力。

托盘式姿势暗示不耐烦。

当我们在做出托盘式姿势时，我们可以将这个动作和我们丰富的表情配合起来，千万不要成为一个只会做动作，不会传达感情的木偶。当我们想讨好和恭维对方时，我们就应该在表示仰慕的同时，配合鼓掌称好，这样才更能显示你对对方的诚意，对方也更容易对你产生好感。

## ⑩ 做尖塔形手势的人对事情很有把握

所谓尖塔形手势，也就是将一只手的指尖相对应地轻轻接触另一只手的指尖部位，形成一个尖塔形的手势，就好像是教堂里高耸的尖塔。尖塔形的手势经常出现在上下级之间的交谈中，而这一手势代表的是信心或是一种自信的态度。比如当老板两只手的指尖轻轻相碰，形成尖塔式手势，放在嘴上或颌下，他的潜台词是“我是老板，你得听我说，最好别插嘴。”代表着老板对眼前的事很自信。

尖塔式手势是上级指导下级，或律师面对客户时的招牌动作。有研究发现，几近三成以上的老板，在和员工进行私人谈话时，都以“尖塔式”作为开场动作。如果是合作谈判的对象，当摆出尖塔式手势时，说明他非常自信，起码面对你他非常有把握赢取胜利。

自信的高层管理人员经常会使用这一手势，以此体现他们的身份和自信。对自己的答案很有信心惯于使用该手势的人有时候还会将它演变为一种祈祷式的手势。总体说来，如果你想说服对方，或是赢得他人对你的信心，你就应当尽量避免使用尖塔形的手势，因为这一手势有时候会给人造成一种自鸣得意、狂妄自大的感觉。

你可以这么做：面对老板，千万不要以尖塔式手势回应他，这只会让对方觉得你自鸣得意、狂妄自大。

这时最好微笑、点头，频频附和老板说的话，以示你与老板站在同一立场。

不过，如果你想使自己看起来显得胸有成竹，自信十足，那么尖塔形的手势应该能够帮助你。

总体说来，尖塔形手势分为两种：举起的尖塔，人们通常会在发表自己的观点意见或说话时使用该手势；放下的尖塔，使用该手势者正在聆听他人的观点或谈话。比较而言，女性更加偏爱使用放下的尖塔手势。举起的尖塔手势如果配以头部微微后仰的动作通常会给人留下傲慢自大的印象。

虽然尖塔形的手势是一种正面的肢体信号，但是它也同样可以用于消极或否定的场景之中，而且通常会被人们误解。譬如说，你正在向某些人陈述自己的观点，而且对方中的许多人也通过一些动作和手势肯定了你的陈述，例如手掌摊开、身体前倾、点头等等。然而，就在你的陈述即将结束的时候，有些人却开始摆出了尖塔形的手势。如果是放下的尖塔形手势的情况下，你就应当谨慎处理了。

当你向某人提供问题的解决方案时，对方是在做出其他一些肯定性的手势或动作之后，摆出了尖塔形的手势，那么，你大可以放心地继续你的陈述，并且提出“订单要求”。

换一种情况而言，如果对方接连做了一些否定性的手势或动作，譬如交叉双臂，跷起二郎腿，东张西望或是用手托住了腮帮，然后才摆出了尖塔形的手势。那么，这就表示他接下来很可能会对你说“不”，从而结束你的谈话。

## ⑪ 握手的轻重证明对你的重视程度

握手最早发生在人类“刀耕火种”的年代。那时，在狩猎或战争时，人们手上经常拿着石块或棍棒等武器。他们遇见陌生人时，如果大家都无恶意，就要放下手中的东西，相互抚摩一下掌心。这种习惯逐渐演变成今天的“握手”礼节。

与陌生人初次见面，为了给对方留下一个好的印象，人们大都会重视着装和微笑，但据调查指出，握手能够对人的第一印象起决定作用，因为人类能够对来自内在或者外在的刺激作出更强烈更敏锐的反应。握手已经是现在最通行的见面礼节，是表现友好的一种方式。所以，想在初次见面留给他人良好的印象，就要学会与人握手的技巧。

在礼节社会，握手的位置、用力的轻重、时间的长短以及是否用目光注视等，都可以反映出一个人的修养和态度。并且，从与对方握手的一瞬间就可以感到，对方是热情还是冷淡，是谦恭还是傲慢，是自信还是自卑，是真心实意还是敷衍了事。当握住他人的手之后，对方若用力回握，则说明他具有好动的性格；若对方回握乏力，则说明他缺乏气魄，是个个性懦弱者。在握手的一瞬间，对方对你的印象之门便打开了。

有的人握手常常是象征性地轻轻握一下，这多是没有什么交情的握手；有的人握手握很长的时间，这说明双方感情比较深厚，或者一方恋恋不舍，这种人往往是比较重感情的人；有的人握手时则喜欢大力握对方的手，这种人多是独断专行的人。

握手时使大力主要体现在：紧抓对方手掌，大力紧握。采用这种握手方式的人一般精力充沛、自信心强，但为人比较专断、独裁。他们往往有一定的组织力及领导才能，有组织团队、带领团队的能力，是那种天生的领袖人物。但他们常常独断专行，不愿接受他人的意见或建议，也不愿按照别人的想法实施即将开始的工作。他们只想遵照自己的意愿去行动，也希望别人遵照他们的意愿去行动，否则他们会很不高兴。

因此，当我们在与人握手遭遇这样的情形时，我们便可知道对方肯定是个有领导才能但做事比较独断专行的人。碰到这样的人，我们应不卑不亢地对待，既不能让他平白无故地凌驾于我们之上，也不要无故地冲撞他们。

一次，李先生遇上了一种非常尴尬的情况，别人替他向另外一位小姐作介绍。介绍完毕后，李先生一下就把自己的手首先伸出去要和对方握手。没想到这位女士端架子，不理他。李先生的手撤不回来了，只好在那儿硬撑着，足足有二三十秒。后来他只好假装头痒，伸手去挠后脑勺。

一般情况下，握手握一下即可，不要太用力；男士与女士握手，用力要轻一些，一般应握女士的手指，时间要短一些，切忌握住不放；女士假若不打算与向自己首先问候的人握手，可欠身致意，或点头微笑，不要置之不理，或扭身而去；数人相见，握手时间应大体相等，不要给人以厚此薄彼的感觉。

握手得体、有力往往代表着善于社交、友善和支配能力强。美国爱荷华大学的研究人员对 100 名学生进行了模拟求职面试，在求职前和求职后，这些学生分别与 5 位人际关系研究学家握手，专家分别给学生打“握手分”。结果发现，握手有力的求职者受雇的成功率远远大于握手无力的求职者。值得注意的是，握手时正视对方，注意出手体面且握手力度，对于女性求职者的帮助更大。

握手无力会给人留下性格内向、害羞和神经质等不佳印象。不论对男人还是对女人来说，都不利于给别人留下深刻印象。

除此之外，握手应讲究先后次序，特别是出席较大聚会时，一定要严格遵循“先年长者后年幼者，先长辈后晚辈，先老师后学生，先女士后男士，先已婚者后未婚者，先上级后下级”的握手顺序。这种“尊者决定”的原则，既是为了恰到好处地体现对位尊者的尊重，也是为了维护在握手之后的寒暄应酬中位尊者的自尊。因为握手往往意味着进一步交往的开始，如果位尊者不想与位卑者深交，他大可不必伸手与之相握。

握手的标准方式，是行礼时行至距握手对象约 1 米处，双腿立正，上身略向前倾，伸出右手，四指并拢，拇指张开与对方相握。握手时应用力适度，上下稍许晃动三四次，随后松开手，恢复原状。

另外，在宴会等多人聚集的场合，能够很轻松自如地和陌生人握手的人，具有旺盛的自我表现欲。如果你希望在宴会上多认识朋友，给大家留下美好且深刻的印象，那么就表现出你的洒脱来。

## 12 轻擦掌微点头表示肯定

轻擦手掌这个动作大部分人从小时候就开始了，当小孩子感到高兴，准备去拿礼物时，常会不经意间搓搓小手掌。在成人间，如果某人突然受到了奖励或者挑战，也常常会搓搓手。科学家称轻擦手掌最常见的心理密码就是：对某些事物抱有期待，而且这种期待是饱含自信的。这个动作的另一个含意是紧张不安，如那些初次登台演讲的人，他们不知所措，也常会轻擦手掌。

人们常常会用轻擦手掌的动作来表达对某一事物的期待之情。此外，人们轻擦手掌的速度还暗示了他们认为谁会成为此次会谈的受益者。

比方说，你想买套房子，当你陈述完购房要求之后，房产经纪人一边快速地轻擦手掌，一边说，“太好了，我手头就有一套你想要的房子！”在这里，房产经纪人希望通过这一动作让你知道你将会是这笔买卖中的受益者。试想一下，如果反过来理解，当他在说这句话的时候，他轻擦手掌的速度十分缓慢，你的感觉会怎样呢？很可能的结果是你会觉得他隐瞒了一些事情，所以有些闪烁其词，甚至会觉得他希望此次交易的受益者是他自己，而不是你。

有个社会心理学教授做过一个实验，他让学生互相访谈，在访谈过程中要求一半学生将手放在桌子下面，而另一半学生将手放在明显的地方而且轻擦手掌，并配合微微点头的动作。访谈结束后，专家发现，将手放在桌子下面的人给人的印象都不太好，他们被认为戒备心强，甚至说话虚伪。而另一半将手放在桌子上且轻擦手掌的人则被认为真诚大方，说的话也具有较强的真诚度。

点头表示认可，再配合轻擦手掌的动作，会强化认可的程度。而且轻擦手掌时，一般会有一只手的手心向上，这种动作一般表示和善、顺从。在日常社会交往中，人们手心向上，也是想告诉对方：“我对你是坦诚的”，“我的手里没有武器，对你没有敌意”。手心向上的姿势还常用于邀请某人就座或者上台演讲，这时，伸出一只手，手心向上，指向目标地点，对方便可明白你的意思。

特定的手掌姿势代表了不同的意思，我们可以通过主动控制自己的手掌姿势来养成真诚、友善的说话习惯。

兰心在一家公关公司工作，虽然兰心的工作能力在公司同事中处于中上水平，但是兰心觉得自己还有很大的提高空间，于是她找了一位著名的社交礼仪顾问来纠正她的行为动作，而纠正的方法就是通过和社交礼仪顾问的几次交谈，让社交礼仪顾问逐一指出她的问题。而社交礼仪顾问在第一段交谈之后就指出，兰心在交谈时不够真诚，明显表现出焦虑。表现就是她一直将双手紧握，或者十指交叉握在一起。专家建议，如果对别人所说的话感到满意，不妨微微点头，轻擦手掌，而且最好改掉紧握双手的习惯。

根据专家的建议，调整了自己的手部动作后，兰心的工作果然更加顺风顺水，不仅老客户更加愿意和她联系，新客户见过一两次之后也常常能与兰心成为很好的朋友。

一些职业辅导人员都会教给从事销售工作人员一个简单的促销方法：在向准顾客描述产品或介绍服务的时候，最好能配合以轻擦手掌的动作，而且速度一定要快，以免引发准顾客的防备心理。如果顾客一边快速地摩擦双手手掌，一边说“让我看看你有什么！”那么，这就表示他希望能够看到一些令他满意的好商品，而他的购买意愿也很强烈。

对于职场中人来说，如果是男上司，在与下属谈话时碰到感兴趣的问题，或对下属的意见表示赞同，他会轻轻对搓双手，这种动作在推销员和客户间也常见。如果眼前的推销员做了这个动作，说明他对这笔交易很满意，他才是最大受益人。而女上司，尤其是年轻女上司，表达赞同的方式则是频繁点头，示意她对建议非常满意。上司轻擦手掌和微点头的潜台词是："很好，继续说。"那么，你可以这么做：有意放慢语速，斟酌自己的用词。因为上司这么做，是对你工作的肯定，但这只是第一步，这时最重要是保持谦和态度。如果你得意忘形，在接下来的谈话中夸夸其谈，反而给上司留下办事不牢靠的印象。

## 13 先凝视再握手想展现自身优势

一面同对方握手，一面注视对方面孔的人，在心理上有着较强的优势，是一种不大容易妥协的人。如果握手的时候，坚持目不转睛地注视着对方，则他的目的可能是要使对方在心理上居于下风。

如果是女性，这种一边握手，一边注视的风格，则表明她有意引起对方注意，以获取对方对自己的好感。对于其他长期从事接待、交际工作的人来说，这种握手方式则表示自己能力强、有自主意识。

过长时间凝视对方，或者无力握住对方手的人，性格较脆弱，依赖感强；握手时绵软无力，则表示缺乏坚强的个性，遇事优柔寡断。绵软地与人握手，则表现为一种标准的中国风格——后发制人，遇事让三分；先静后动，以退为进。当然，也可以作出这样的判断：在他们的内心深处，有一种较为明确的自我规范。

当外在的人或事物冲击了这种自我规范的界限，他们便认为这是一种冒犯行为，就会产生强烈反应，进行猛烈反攻，甚至恶狠狠地报复。但是，不能认为他们的主动意识是弱的，我们要看到，他们的进攻性的主动行为是弱的，而和平性的主动行为并不弱。这种和平性并不一定表现为热情，因为外化出来的热情，往往是一种主动性的进攻行为。

怎样注视才是最有积极效果的呢？正确的方式是微笑着看对方的眼睛，保持 6~7 秒，然后微笑着移开眼神。时间不要太长，也不要草草了事。

微笑着注视对方的人更能给人留下好印象。英国研究人员发现，人们通常会认为那些微笑着注视自己的人更具有魅力。

曾经有一个心理学家作了一个测试，他要求志愿者评价呈现在电脑屏幕上的两张人脸图片哪个更有魅力。为了消除人脸的物理特征对偏好的影响，每次呈现的两张图片都是同一个人的照片，只是面部表情或者眼睛的注视方向不同。实验结果发现，志愿者认为那些微笑的脸更有魅力，并且那些注视着志愿者尤其是异性志愿者的脸比注视着其他方向的脸具有更高的“魅力指数”。这说明人们很注重她（他）的眼睛注视的方向，伴随着微笑而注视对方，是融洽和和谐；伴随着皱眉而注视他人，是担忧和不安。

如果感觉到害羞或紧张，也不要刻意躲避对方的视线范围。目光交流不仅可以相互交换信息、传达彼此的看法，更重要的是能建立起相互之间的信任和理解。

注视中，这种“看与被看”的关系非常微妙。一般来说，在双方对视时，较弱小的一方会先将目光垂下，而让比自己强的对方来观察自己，发现自己的弱点，这样一来，逃避目光者也就陷入了一种不利的地位。他们之所以会因被看而感到不自在，也就是因为他们对自己的劣势感到不安。

同样，在双方见面时，如果因为胆怯而低下头，那就等于将支配权让给了对方。这可能会让对方轻易地获得控制权，也可能让对方无所适从，不知道你的想法。要建立彼此对等的关系，绝对不能回避对方的目光。从对视中，我们可以看出谁是弱势的一方——两人对视，一人回避对方目光。如果你想表现强硬，你也可以直视对方的眼睛。但是，交谈时也不能一直盯着对方的眼睛，那会让人产生压力。

某公司在迁移到一座新建的硬件设施都很好的大厦办公后，员工的工作效率反而降低了，经营者百思不得其解。后来管理者经过调查发现，原来问题出在那些为了多方采光而设计的宽广的玻璃窗上，由于外面的情形被一览无余，里面的工作人员觉得外边的人在一直盯着自己看，内心的不安全感造成了工作效率的低下。结果，这家公司只好用百叶窗遮住外面纷扰的情形，以维持员工的工作效率。

如果我们用自信和不自信来简单地进行区分的话，则可能将上述情况理解为缺乏自信。过长时间注视有可能是自信过头，过分殷勤地同对方握手，则表现出这个人目的性很强，会奉承巴结人。

如果用专注的神情一再同对方握手，表明这个人怀有某种目的，因为握手不过是一种礼节性接触，过分看重这种接触，那就是弦外有音了。

## 14 肩膀紧缩可能是生气了

肩部往往成为很多人身体语言的“盲区”。肩部所表达的语言含意虽然不多，但如果在商务交往中不在意它，也许会给对方“意外的伤害”。

肩部舒展，说明有决心和责任感。商务交往中，这种肩部姿态无疑是对方非常希望看到的。肩部耷拉说明心情沉重，感到压抑。肩部收缩，说明他正在生气，随时可能爆发。

如果从生理学的角度来看，肩膀起着连接作用。为保证胳臂既能够运动自如又具有一定力量，肩膀必须在韧性与力量间寻求一个平衡。若是从肢体语言的角度来看，肩膀可以起扩大或缩小身体范围的作用，同时也可以表达威严、惊恐、依赖、攻击、胆怯、失落等其他很多含意。

古人对肩部动作也有观察，常用的词是“鸢肩”。鸢，通俗来说就是老鹰。鸢肩——也就是老鹰常见的姿势——耸着肩膀。鸢肩豺目是指一个人阴险狡猾，鸢肩鹄颈是指一个人伏案苦思的样子，而鸢肩羔膝是用来形容一个人的卑微之态。乍看之下，似乎有矛盾。但实际上是准确的：如果常耸着肩膀且眼光凶狠，则耸肩膀的含意有炫耀成分；坐在桌边思考时，人们常以手支头，那肩部是耸的；而耸肩膀与弯着膝盖用在一起则说明，此人处于惊恐不安状态。

肩膀对于男性来说，既是力量的象征，也和男性尊严地位紧密相连。所以男性肩膀以宽厚为美，肩膀也常反映出一个人的状态。当一个人满腔愤怒时，会将双肩往后缩，缩肩的动作仿佛给身体拧紧了发条，随时准备弹射出去，而与此相对应的是，如果对方使劲张开双臂的肩膀，则代表希望振作精神、准备开始大干一场；当自感负担太重时，人往往会无意识地将双肩向前挺出，似乎在暗示肩部不堪重负。

肩部同时也可反映人们之间的亲疏程度。带有敌意的两个人，也常用肩部说话，即故意用肩部去撞击对方的肩部，这意味着挑衅，因为侵犯了对方的身体空间；而如果对对方有警惕之心或不想正面回应对方的逼人姿态，人们也可能采取侧肩姿势。

肩膀紧缩 可能是生气了。

## ⑮ 反复摩擦大腿说明很有压力

自我触摸常常被人们用在情绪高涨的时候以使自己获得安慰，通过触摸鼻子、耳朵、嘴唇、手臂或者大腿来减轻或者释放内心的压力。这些姿势包括抿嘴、摩擦双手、摩擦大腿等等。人们使用这些有用的姿势来强调对话之间的停顿，或者来告诉他人自己现在的情绪状态。

小罗去应聘一个海外公司的高级职位，公司高级主管安排了一次面试。在面试进行的过程中，小罗的双臂和双腿始终保持互相交叉的姿势，不时有微微摩擦的动作，好像正在仔细思考应该回答的内容。但是见多识广的面试官注意到他摩擦的动作幅度较大，频率较快，虽然是断断续续，但似乎是在暗示他对自己所说的话并没有自信。精明的主考官仔细看了看小罗的眼神，发现他的眼神游离不定，很明显在他心里怀有某种隐忧。最终小罗没有被录取，原因是他的肢体语言与他嘴上所表达的信息自相矛盾。事后，主管出于好奇心，与小罗的原工作单位取得了联系，结果发现，他捏造了虚假的工作经历。

紧张时我们会不自觉地将双手放在大腿上来回摩擦，试图平缓自己的情绪，有时候你可能会发现对方动作快速，决定很果断，但这通常是假象，快速摩擦双腿恰恰是为了掩饰自卑，真正有自信的人会深思熟虑，而不是不假思索就作出决定，急着展现自己的信心。

罗丹的雕塑《思想者》展示了思想者陷入沉思的姿态；然而身体的姿势和支撑着头部的手，却刻画出思想者沮丧的一面。在一些影视作品里，我们经常能看到人物因为紧张而摩擦双腿的动作，但因为这个动作太过明显，除非动作人本身非常局促，会无意识地做出这个动作，一般人可能都不会有这样的动作。

当一个人紧张时，他可能会下意识地把手放在腿部，或者双手插在并拢的双腿间。这会让无所适从的双手找到一个可以放的位置，同时腿部的温度足以让双手和大脑同时感到放松。

如果你发现与自己谈话的人做出这样的动作，不妨尝试说个笑话或者转换一个话题，帮助对方缓解紧张情绪，如果对方是站着，请提供一个座位让他坐下，如果对方是坐着，可以尝试离开自己的座位，找一个位置坐到他的附近，并顺便提供一杯水。这样会让紧张的人感到自己正在受到照顾，并且刚才让自己紧张的人并没有那么咄咄逼人，从而放松地与你交谈。

## 16 重复触摸脖子可能正在撒谎

当一个人讲话时老是忍不住重复地触摸自己的脖子，那么你有理由怀疑他可能隐瞒了一些事情，他可能正在对你撒谎。

为什么摸脖子会与撒谎或者讨厌的人或事扯上关系呢？这是因为当一个人觉得某个人很讨厌时，脖子后面微小的肌肉组织就会呈现乳突状——我们经常将之称为鸡皮疙瘩。这种身体上的反应是从远古时代延续下来的。在人类还没有进化为直立行走的智人之前，浑身都有着浓密的毛发帮助御寒，在感受到危险临近或者极其愤怒时，脖子后面的肌肉便呈现出乳突状，从而使毛发竖立起来。现在，我们在狗的身上也能见到这种反应，当一只狗被另一只怀有敌意的狗激怒时，它脖子后面的毛就会竖起来。对于我们人类来说，沮丧和恐惧都会让脖子后面隆起一片鸡皮疙瘩，让我们有刺痒的感觉。所以，我们只能用手抓挠那块区域，以消除身体的不适。

香港某艳照门事件发生后，其中之一的当事女主角在接受某记者采访时，曾声泪俱下，对自己的过错大包大揽，说自己“都没埋怨过任何一个人”，“不可以将错误推卸到别人身上”。的确如此吗？细心的观众会发现，在这位女演员说的时候，她不经意地扭动了身体，并几次用手轻轻触摸了一下自己的脖子，看起来就像撩动落在后面的头发一样，动作细微，但泄露了天机——连她自己都不能完全相信她说出的话。

当人们抚摩或者按摩脖子时，可以有效缓解这种不适感，研究表明这也是使用最频繁的安慰行为之一。原因是我们的颈部有许多神经末梢，只要稍加按摩，就可以有效降低血压与心跳速度，消除紧张。另外，按摩额头或是摸耳垂，也都是一般人紧张时会出现的动作。而如果男生拉着领带，或是女生玩弄颈上的项链，也代表同样的意思。

很多人都经常使用这种方法缓解压力。有人会用手指抚摩或按摩脖子后面的区域，有人会按摩脖子两侧或下巴正下方喉结上方的部位。在说话时不停地用手摸脖子，这个小动作也是用来掩饰说谎行为的。有人对摸脖子的行为作了细致观察，如果每次都用右手的食指，被挠的部位是耳垂下边的颈部，并且挠颈的次数通常都在5次以上，这种动作代表了怀疑或不能确定的意思，即说话者也许正在想“我无法确定自己说的话是百分之百正确的”。

对于打领带的男性而言，有时触摸颈部的动作会演变为拉扯领带或者衣领。撒谎会使敏感的面部与颈部神经组织产生刺痒的感觉，于是人们不得不通过摩擦或者抓挠的动作消除这种不适。这不仅能解释为什么人们在疑惑的时候会抓挠脖子，它还能解释为什么撒谎者在担心谎言被识破时，就会频频拉拽衣领。这是因为撒谎者一旦感觉到了听话人的怀疑态度，血压就会升高，就会使脖子不断冒汗。

当一个人感到愤怒或者遭遇挫败的时候，也会用力将衣领拽离自己的脖子，好让凉爽的空气传进衣服里，冷却心头的火气。当你看到有人做这个动作时，你不妨对他说：“麻烦你再说一遍，好吗？”或者“请你有话就直说吧，行吗？”这样的话会让这个企图撒谎的人露出他的马脚。

## 17 拧毛巾的动作有态度暗示

你或许不知道，我们每天所做的一个动作——拧毛巾，都会看出一个人的性格特点和做事态度。这个细微的动作一般我们是不会觉察出什么的，然而，这样的一个小细节却被那些善于观察的人看透了我们的心思。其实，拧毛巾的动作就如我们的习惯一样，是不经意间的，不需要任何伪装就做出来的。正因为如此，拧毛巾的动作体现着人们的不同思想。

拧毛巾时，喜欢右手心朝上，做出这种动作的人，性格多半都很热情，但同时脾气也会有些暴躁，一句话不对，就会黑脸，在对待一些事情时，总是以我为本位出发来考虑一切问题。这种人在谈恋爱时，会倾向于以自己的情感为中心，喜怒无常，喜欢富有变化的安排。如果他的恋情遭遇到周围人的反对，并不会因此而心冷，反而会因为阻力而更加热诚。如果做这个动作的人是女性，她会比较喜欢比自己大些的男士。

拧毛巾时，喜欢左手心朝上的人富有较强的交际能力，不喜欢安静地独自在家。社交中，这类人心情爽快，很讨周围人的欢喜。在恋爱方面，也一样会采取很干脆的态度，不会拖泥带水。这类人好奇心较强，有些粗心大意，丢三落四，但态度积极乐观，待人做事容易往好处想。就算他们失恋、失业了，也不会消极悲观。又由于这类人对一些鸡毛蒜皮的小事情一般都不太在意，因此在恋爱的时候，常会受到异性的喜欢，异性缘非常好。

拧毛巾时，喜欢两手掌都朝下，把毛巾斜着拧的人，尤其是女人通常都很贤惠。这类人懂得察言观色，适时作出恰当的举动。不该她说话的时候，绝不会插嘴，对于自己的立场，总是分辨得很清楚。做事时，会处处替他人着想。但同时她们的心眼也会特别多，比较喜欢空想，执行力会稍微差一些。

把毛巾竖起来拧的人比较独立，凡事都愿意积极面对。这类人对自己喜欢的事情会毫不吝啬地付出，不太追求回报，即使失败，他也不会感到失望与后悔。相反，还会从中找到令自己难以忘怀的方面，常常独自品味。这类独立型的人，往往会被比他自己小的异性所喜欢，他们自己也容易在较为年轻的异性身上获得满足感。

当你了解了这些不同的拧毛巾的动作之后，一定会在别人拧毛巾的时候多看两眼，以便于在瞬间看透对方的态度。

## 18 戴不同的手表揭示不同性格

手表作为人身上最得体的饰物，能传达出主人的个性、气质和品位。

小牛刚刚购得一块名贵手表，戴在手腕上很有派头。老板叫他开会时，为了炫耀他的手上饰物，小牛总是假装不经意地看表，或者用手抚摩下巴而故意把表露出。老板本来准备委派他一项新业务，看到他这些动作，就对他说："看来你今天时间很紧啊，有其他的事情要处理吧，那你出去把小李叫来。"

小牛不顾对象身份和场合的动作让老板会错了意，因而也错失了一次好机会。频繁看表或者露出表的动作，一般情况下会让对方觉得你并不想继续谈话，而借一些小动作向他表示心中的烦躁。虽然情境再现中的小牛只是为了炫耀一下新表而已，但这些动作显然让老板感到不满。

不同的戴手表的方式也能揭示出人的性格，比如，将手表戴在左手内侧的人通常有些怕羞而不敢大胆向对方表示自己的意思，不敢主动追求异性。

手表戴在右手外侧的人比较喜欢冒险，而且喜欢作出使别人侧目相看的举动来。不喜欢戴手表的人生性比较大方随便，有时候缺少一种责任感。不戴手表的人，有个共同点就是怕麻烦，讨厌受束缚。

个人喜欢的手表的质地也能反映出主人性格一二。那些喜欢液晶显示型手表的人，在生活中大多比较节俭，知道如何精打细算。他们的思维比较单纯，对各种简捷方便的事物比较热衷，而对于太抽象的概念则难以理解。他们在为人处世方面多持比较认真的态度，不会显得特别随便。

戴古典金表的人，多是具有发展眼光和长远打算的人，他们绝对不会为了眼前一些既得的利益而放弃一些更有发展前途的事业。他们心思缜密，头脑灵活，往往有很好的预见力。他们的思想境界比较高，而且非常成熟，凡事看得清楚透彻。他们有宽容力和忍耐力，又很重义气，能够与家人、朋友同甘共苦、生死与共。他们有坚强的意志力，从来不会轻易向外界的一些困难和压力低头。

喜欢怀表的人，多对时间具有很好的控制能力，虽然他们每天的生活都是忙忙碌碌的，却不是时间的奴隶，他们懂得如何在有限的时间里让自己放松并且寻找到快乐。他们善于把握和控制自己，适应能力非常强，能够很好地调整自己的心态。他们多有比较强的怀旧心理，乐于收集一些过去的东西。他们言谈举止高雅，可以表现出一定的文化修养。他们有比较浓厚的浪漫思想，常会制造一些出人意料的惊喜。他们较有耐心，很看重人与人之间的友情。

喜欢戴上发条的表的人独立意识比较强。他们自给自足，很多事情都坚持一定要自己动手。他们乐于做那些可以马上见到成效的工作，如干一次体力活。他们最看重的是自己所获得的那种成就感，但在这个过程中，他们又不希望一切都是轻而易举获得的，这样反而没有了意义和价值。他们并不希望得到他人过多的关心和宠爱。

戴没有数字的表的人抽象化的理念较强。他们大多不希望什么事情都说得十分明白，他们很在意对一个人智力的锻炼和考验，认为把一切都说得太明白就没有任何意义了。他们很喜欢玩益智游戏，而且他们本身就是相当聪明和智慧的，对一切实际的事物似乎并不是特别在乎。

## 19 手提包隐藏性情

出门带包已经成为了大众的一个生活习惯，不同的包也展示了不同的主人性情。手提包的样式众多，人们可以根据自己的喜好进行选择。一般来说，选择的手提包比较大众化的人，他们的性格也比较大众化，或者是说没有什么特别鲜明的、属于自己的个性。他们在很多时候都是随大溜，大家都这样选择，所以他也这样选择，没有自己的看法，目光和思想比较平庸和狭隘。他们的人生或许多少有所收获，但不会有大的成就和发展。

女性对皮包的喜爱人所共知，而男性对随身携带的包就没有女性那么多的要求了。有些重视细节的男性会挑选包，但他们的基本要求是，包要能体现他们的身份。

选择的手提包多是公文包的人可能是某个企事业单位的总经理，如果是普通职员，也是在比较正规的单位。选择公文包可能是出于工作的一种需要，但在其中多少也能表现此种人的性格特征。这样的人大多数办事较小心和谨慎，他们一般不苟言笑，即使是有说有笑，对人也会相当严厉。当然，他们对自己的要求往往更高。

选择休闲式手提包的人，可以看出他们的工作具有很大的伸缩性，自由活动的空间也非常大。正是由于这样的条件，再加上先天的性格，这类人大多很懂得享受生活。他们对生活的态度比较随意，不会过分苛刻地要求自己。他们比较积极和乐观，也有一定程度的进取心，能很好地安排工作、学习和生活，做到劳逸结合，能在比较轻松惬意的环境中把属于自己的事情做好，并取得一定的成就。

选择暗沉颜色手提包的人，其表现欲望并不是很强烈，他们不希望被人注意，目的是缓解压力。他们凡事多持得过且过的态度，比较懒散。在对待别人方面，他们也喜欢保持相对中立的立场。

喜欢超大型手提包的人，性格多是自由自在、无拘无束的。他们很容易与他人建立某种特殊的关系，但是关系一旦建立以后，也会很容易破裂，这是由他们的性格决定的，因为他们的生活态度太散漫，缺乏必要的责任感。他们自己感觉无所谓，却不是其他所有人都能接受和容忍的。

不习惯带手提包的人，他们的性格要分几种情况来说，有可能是因为他们比较懒惰，觉得带一个包是一种负担，太麻烦了；还有一种可能是他们的自主意识比较强，希望能够独立，而手提包会在无形当中造成一些障碍。属于这两种情况的人都是把手提包当成一种负担，可以看出这种人的责任心并不是特别强，他们不希望对任何人、任何事负责任。

更多时候，手提包还是人们用来掩饰内心情绪的一个工具，有了这个工具，掩饰情绪的动作就显得更加隐晦，更加不易被人发现。

每当出现在公众面前时，安妮公主常常会手捧花束；而在手中拎一个提包或是握一束花，则是女王伊丽莎白二世最常见的公众形象之一。尊贵的女王似乎并不需要用手提包来装诸如唇膏、化妆品、信用卡以及电影票之类随身的物品吧！事实上，手提包不过是她在必要时用来传递信息的一种方式。在某次外出当中，皇室观察者就留意到，当她想步行片刻，或是驻足停留，或起身离开，以及想摆脱眼前某个

# 1/25秒的智慧

手提包隐藏性情。

烦人的家伙时，女王都会通过手提包向随从发出信号，而这样的信号前后共计 12 次。

由此可见，手提包就像是人的一个不可或缺的部分，它是人的思想的延伸，性格的展示。如果你仔细观察形形色色的人带的各式各样的手提包，你会发现这是一个很有趣味和收获的事情。

# 第六章

## 姿势语言：坐姿和站姿传递的信息

看起来作用偏少的屁股和看起来承载了身体绝大部分重量的双腿、双脚结成了一个很有趣的组合——泄密二人组。没错，谈到泄密，没有人比它们更为不谨慎不小心的了，只要你掌握了一些简单的观察技巧，你就可以仅凭那些看起来非常普通、随意的坐姿和站姿，一眼看穿他人的小心思。

## ① 夸张的站姿易让人不适

人们在形容一个人的精神状态非常好时，经常用“坐如钟，站如松”来形容。显然，对站姿的要求，最基本的最标准的是要在站着时像松树一样挺拔劲秀。

小石是一个投资公司的推广员。他的专业知识非常丰富，对客户的服务也周到而热情，但业绩却不怎么理想。小王很苦恼，不知道原因到底是什么。

这天，小石和同事小赵一起去见一位客户。见面后，不免客套一番，小石先问起客户的工作情况。当得知客户是做证券分析员时，小石一拍桌子，站起来说道：“太好了，原来您也是作投资的呀，这可是不错的行业，听说最近红火得不得了，排队开个户都要两三天，是吗？那可真是……”小石手舞足蹈地讲完后，同事小赵很明显地感觉到了客户的不满。因为小石的谈话真是太富于激情了，几乎把茶座里所有的目光都吸引了过来。

小石接着对客户说：“像您这种月收入过万的白领一族，更有必要为自己作一份投资了……”周围的人听到了，全部在议论证券行业原来是个金饭碗。小石也胸有成竹，但没想到客户却脸一沉，打断了谈话：“对不起，我公司还有一个会要开，先失陪了。”客户愤愤不平地走了，因为他再也忍受不了小石高八度的音量和夸张的手势，那根本就不是他们两个人的谈话，而是小石的激情演说，而且他最受不了的就是小石说着说着就站起来，做着夸张的站姿，指着自己的鼻子说话，这让他感觉自己是在接受审讯。

客户离开后，小石很沮丧，不知道自己在什么地方出了错。小赵拍拍他的肩膀：“兄弟，下次再见客户的时候，能别指指点点，激情四射地像在演讲吗？”

当你与别人聊天时，你的站姿，比如，如何移动脚步，如何挤眉弄眼，已泄露了你对对方的潜在态度。因为，人以何种方式站立或坐下，对于理解他的身份或他极力声称自己具有的身份来说，是一个不错的指南。

正式的站姿与坐姿要显示出一种中性的态度，不表达任何或去或留的倾向。在异性间的面谈中，女人比男人更常使用这个姿势，直立紧并的双腿传达出“不置可否”的信号。学校的学生在跟老师说话时经常保持立正的姿势，公司的下级跟上级汇报工作、人们见到王室成员或者雇员跟上司交谈时，常采用这个姿势。

并且，当你坐下时，要尽量避免双腿交叉的姿势。因为双腿交叉的姿势不仅会传达出消极和戒备的情绪，它还会让一个人显得缺乏安全感，并且引发身边的其他人也相应地做出双腿交叉的姿势。

习惯于将双臂和两腿交叉的人，总是将这个动作归因于寒冷，而不愿意承认自己在动作背后隐藏的紧张、焦虑或是戒备心理。也有很多人说，这么做只是因为感觉舒服。这种说法或许是真实的——当一个人缺乏安全感、产生戒备心理时，交叉的双臂和双腿确实会让他感觉舒服，因为这样的动作吻合了他的情绪。但是，在公共场合或是职场中，还是不要用这样的姿势。否则，你会让人感觉很不舒服。

## ② 抬头挺胸者通常自视很高

走路是我们最常见的肢体动作，它体现的是人类的动态美，也最能体现一个人的风度和活力。无论在社交场合还是在日常生活中，走路同样有和站姿一样的基本要求，那就是抬头、挺胸、收腹。走路时要目光平视，手臂自然摆动，摆手幅度不要太大，手臂与身体的夹角一般在10°~15°，身体不要前后晃动。

走路时抬头挺胸，大踏步向前，充分显示自己的气魄和力量。当然，也会给旁人一种高傲的感觉。这种人凡事都只相信自己，容易主观臆断，对于人际交往比较淡漠，经常孤军奋战。

不过，走路时爱抬头挺胸的人也有明显的缺点，表现就是这种人往往爱以自我为中心，淡于人际交往，不轻易投靠和求助于他人，哪怕他碰到自己根本无法解决的事情也是一样。他们思维敏捷，做事条理性强，考虑问题比较全面。也许不是一件很复杂的事情，但是他们也会时常为自己拟订一份计划。他们习惯于修整仪容，衣履要整洁，时刻使自己保持着完美的形象。无论是在逛街时还是走亲访友，出门前他们总喜欢在镜子前端详一下自己："头发凌乱吗？""发型完整吗？""衣服整洁吗？""皮鞋光亮吗？"

自视清高

走路时爱抬头挺胸的人的最大弱点是羞怯和缺乏坚强的毅力。他们极富组织力和判断力，可惜他们说得多做得少。经常看到他们有很多宏伟的计划，却很难发现他们有成功的事业，加之个性羞涩，难以主动与人交往，时常不能充分发挥自己的能力。于是他们时常有一种“黄金埋土”的感觉。

走路时要想给人一种舒服、自然、优雅的感觉，基本的要求是抬头、挺胸、收腹。竖看要有直立感，即以鼻子为中线，整个身体大体呈直线；横看要有开阔感，即肢体及身段给人以舒展的感觉；侧看要有垂直感，即从耳与颈相接处至脚的踝骨前侧应大体呈直线，给人以一种挺、直、高的美感。

男子走路时身体重心应放在两脚中间，不要偏左或偏右；双脚与肩同宽；手可自然下垂，前后自然摆动，在体前或体后交叉，给人一种风度洒脱，挺拔向上，舒展俊美，精力充沛的感觉；女子走路时，身体重心在两足中间脚弓前端位置，手自然下垂或在腹前交叉，要给人一种秀雅优美、端庄大方的感觉。

需要注意的是，在正式场合，走路时胳臂不要出现过大幅度前后摆动的情况，适度的前后摆动展现了一个人的自信与精神活力，而过度摆动不仅影响周围人的行动，也向他人传递了一种太过张扬的语言信息。双手自然摆在两侧，前后微微摆动，这样出现在非常严肃的社交场合，也是对他人的一种基本尊重。如果没那么严肃，可依据这种姿势在手脚上进行适当调整，但幅度不应该过大；过大的幅度应极力避免，因为它会给人一种狂傲自大，不适交往的感觉。

如果觉得自己的走姿不够标准，你可以采用模特初步训练的方法，在自己的头顶放一本书，然后挺直后背，双臂小幅摆动，步履均匀地往前走，等你训练到顶着一本书能身姿正确地在屋里自由地走来走去时，你的走姿就算过关了。

总而言之，走路昂首挺胸的人，大多比较自信，其自尊心也较强，有时则过于自负，好妄自尊大，还可能有清高、孤傲的成分；凡事只相信自己，处处主观臆断，对于人际交往较为淡漠，经常是孤军奋战；但思维敏捷，做事有条不紊，富有组织能力，能够成就财富事业和完成既定目标，自始至终都能保持完美形象。

## 3 走路不疾不徐的人比较淡定

走路不疾不徐的人的姿势是双足平放，双手自然摆动，不会忸怩作态，步态很斯文。这些人通常性格温顺，遇事不惊，个别有胆小情况，大部分遇事沉着冷静，不易发怒。偶有一些人缺乏远大理想，对未来不抱什么美好希望。

这类人认为面对任何困难事情时，最重要的是保持头脑的清醒，不希望被任何带有感情色彩的东西左右自己的判断和分析。在别人面前因有理性和自控能力而受到别人的尊重，他们对此欣然接受，但不露声色。他们平时做事非常小心，言谈举止都尽量保持温文尔雅，绝对不愿让别人觉得他粗俗不堪。

走起路来不疾不徐，喜欢平静和一成不变，所以总是原地踏步和维持现状。以这种姿态走路的女人多属于贤妻良母型。而这类型的男人非常稳重，有时也觉得累。为了保持自己的尊严，他们很难在人前笑口常开，这是他们的准则。他们对自己的身体形态进行严格控制，虽然别人敬畏他们，可一人独处时却感到压抑。因为这种人涉世极深，了解人情冷暖。

这样的人还非常注重别人对自己的评价，他们为了保持尊严，赢得尊重才去做事情，因此这样的人适合主持行政工作。有地位，有身份，这往往是他们全身心的追求目标。

走路不疾不徐的人，一般时间观念不强，缺乏进取心。他们不仅在走路时表现得慢慢悠悠，在做其他事情时也是这样，总是一副不慌不忙的样子，让旁人看在眼里时总想催促他快点，再快点。

他们不懂得去争取时间，因为他们没有足够的上进心。他们总是想：反正不管怎样，完成任务就行了，并不去想什么时候能升职，什么时候能加薪之类的问题。他们十分知足，他们的信条就是：知足者常乐。他们不喜欢忙忙碌碌的生活。看别人奔忙于生活，他们甚至还会不理解，会反问：干吗把自己搞得那么辛苦那么累呢？实际上这是因为他根本就不明白别人心中的目标与追求，正所谓“燕雀安知鸿鹄之志”。

走路不疾不徐的人，做事虽然看上去比较稳，但并不一定做得好。他们只是动作慢，相对于动作快的人可能会少犯点错误，但他们并不喜欢动脑子，所以尽管他们做得慢，但一些细节上的问题他们也常常考虑不到。他们通常没有什么崇高的理想，没有什么远大的目标，每天得过且过，总之吃饱不饿就行了。所以，当我们碰到这种不急不慢，非常悠闲的人时，基本上可以断定此人为缺乏进取心的人。

走路总是一副慢腾腾样子的人，似乎若有所思，又好像前面有陷阱似的。就如人们常说的“生怕踩坏蚂蚁”的小脚老太太一样，你无论说得如何急他都不在乎似的。他们属于典型的现实主义者，为人软弱，逢事顾虑重重，简直有点杞人忧天。

走路时仿佛身处沼泽地的他们，大多性格较软弱，遇事容易知难而退，不喜欢张扬和出风头；思考再三，否则决不冒险迈出第一步，结果往往错失良机。但是，也正是因为他们的性格特点，所以走路举步缓慢的人交友比较谨慎，但憨直无诡，胸无城府，重感情，只要他认定你是他朋友，对你一定会推心置腹。

另外，他们凡事讲求稳重，“三思而后行”，绝少好高骛远，“癞蛤蟆想吃天鹅肉”的情况绝对不会发生在这种人身上。

如果他们在事业上得到提拔和重视的话，也许并不是他们有什么“后台”，而是他们那种务实的精神给自己创造了条件。

而且，这类人的观点是“眼见为实”，因此他们一般不轻易相信别人。不知道这对他们来说算是优点还是缺点，但把他们作为朋友定会相当不错，因为他们特别重信义、守承诺。不过要是你属于经常撒谎的人的话，最好别和他们来往，否则他们会发誓一辈子都会记恨你。

## 4 脚踝相扣姿势的人正在克制情绪

双脚交叉、脚踝相扣，做出这种姿势的人通常都有些压抑，他们会借助脚踝相扣的姿势克制某种不良情绪。彼此相扣的双脚往往会悄悄地挪到椅子底下，与此相对应的就是沉默寡言的态度。如果一个人对交谈非常投入的话，那么他的双脚也一定会自然地伸向前方。

男人和女人的脚踝相扣姿势有很大区别。当男人在做出脚踝相扣的动作时，双膝敞开，双手通常会紧握拳头并置于膝盖上，或者是紧紧抓住椅子的扶手，同时还会摆出展示胯部的姿势。而女人在脚踝相扣时，身体动作略有不同：她们会把双膝并拢，两只脚置于身体同一侧，尽量并拢双膝，减少两腿之间的缝隙，双手并排或是交叠着轻轻放在位于上方的那条腿上。

经验丰富的面试官与销售员发现，无论男女，当谈话对象脚踝相扣时，他的内心便产生了“紧咬双唇”的潜意识。这个动作显示出他正在努力抑制某种消极情绪，也许是缺乏把握或者是恐慌害怕。

调查表明，在法庭上，那些等待法庭宣判的被告做出脚踝相扣这一动作的几率是原告的三倍，因为将紧扣的双脚放在椅子底下，有助于他们控制自己的情绪。另一项针对三百多位牙科患者展开的调查显示，接近 90% 的人一坐上牙科治疗椅，就会做出脚踝相扣的动作。如果只是进行常规的牙齿检查，那么只有近 70% 的人会脚踝相扣；但只要是接受牙医的注射，几乎百分之百的人都会紧扣脚踝。

跟牙医相比，还是税务员更能让人做出脚踝相扣的动作。调查结果显示，大部分遭到传唤的人在开始接受讯问的时候，都会做出脚踝相扣的动作。但是做出这一动作的动机更多的是出于害怕，而不是因为羞愧。

大部分应聘者在面试的过程中，都曾经做出过脚踝相扣的动作。这就说明，当做出这一动作时，他们正在尽力抑制自己的某种情绪或是态度。如果某位政要在政治谈判中做出脚踝相扣的动作，那往往意味着他已经有了要进行重大让步的打算，但仍然在竭力克制自己作出这一决定。有人指出，这个时候只要掌握恰当的提问技巧，很可能就会诱导这位政要松开自己的脚踝，并最终作出让步。

有一个男人有一份并不令人羡慕的工作——负责追讨客户债务。他给很多客户打电话，尽管他的声音显得很放松，但我们发现，他的脚踝始终紧紧相扣，并且放在椅子底下；不过，只要是和我们谈话，他就不会做出这样的动作。

当有人问他是否喜欢这份工作时，他立刻回答："非常喜欢！这份工作很有意思。"虽然他的表情和语气都很令人信服，可是这样的回答实在与他的身体语言相矛盾。

于是提问人再次询问相同的问题，结果这个男人沉默了一会儿，松开了脚踝，手掌也舒展开来，然后答道："哦，实际上，我都快要被逼疯了！"他开始抱怨，每天自己都要接到很多客户打来的电话，有的客户非常粗鲁，还有的十分凶悍，所以他必须不断练习控制自己的情绪，以免让客户察觉自己的不满。

除了这个男人以外，那些不喜欢通过电话与客户交流的销售员，大都习惯于保持脚踝相扣的坐姿。恰当的提问技巧能够有效地（成功率为42%）让交谈对象松开自己的脚踝，并恢复自然放松的状态。除此之外，如果会见者走到交谈对象的身边，并在一旁的椅子上坐下来，也会让交谈对象感到放松，因为在互相交流的两个人之间没有了桌子这一屏障。于是，随着情绪的平复，交谈对象的脚踝就会松开，整个谈话的气氛也会变得更加开放和亲切。

如果一个人在做出脚踝相扣坐姿的同时，还用一只手甚至双手抓住处于上方的那条腿，那就表示他不只是在有意克制自己的情绪，同时还隐藏了一种争胜的态度。用手固定住这种姿势，表明这个人是一个特别有主见而且相当顽固的人，他不会认同任何人的观点，只会相信自己。

## 5 两腿相缠的姿势较容易害羞

一般来说，容易害羞和胆小的人经常会做出两腿相缠的姿势，或者可以说，这个动作基本上专属于女性，有时，它也属于那些善于弯曲身体、擅长杂技柔术的演员。

两腿相缠，具体就是将一条脚的脚尖紧贴在另一条腿上。身体的重量倾向于放在一条腿上，这时人的整个身体都会呈现一种紧缩状态，做出这个姿势的人不管上半身表现得多么轻松随意，这种紧缩的状态都完完全全地暴露了本人的不安全感。

不知不觉小路成了一名剩女，在事业的大道上未见有多好的发展，但是在不知不觉迎头赶路的过程中恍然发现青春已去，夫婿却未有。小路开始着急了，几番努力之后，她成功地在一个名声响当当的交友网站上认识了一位不错的男士。

两个人在网上谈话谈得很投机，于是很快定下了见面的时间。可是，和男士一见面，坐在桌子后面的小路突然紧张起来，这可是她的第一次相亲，她不知道自己该怎么表现才不会把这个机会错失掉，原本火辣开朗的她一下子局促起来，不经意间，她右脚的脚尖紧紧贴在了左腿上，不由自主地来回摩擦。看着似乎受惊的小路，初次见面的男士不禁也紧张起来，他手掌来回摩擦，努力找话题缓和气氛。

此时的小路可以说就像胆小的乌龟一样，恐怕也希望自己能够躲进厚厚的壳里，逃避这一时的尴尬和不安。两腿相缠的姿势明显暴露了她的害羞，如果这位男士希望小路能脱去这紧张坚硬的外壳，那就得采用温暖、友好和轻柔的方式慢慢接近她。

由于男性腿部和髋部的骨骼构造和女性不同，所以很难摆出这种坐姿。正因如此，紧张的男士不经意间使用了双手摩擦这个动作来缓解自己的尴尬。

在举止礼仪课和模特培训课上，培训老师都会教给女人这种坐姿。将两腿交叉而小腿保持平行，这样的姿势会使腿部看起来更加健康和年轻，极具性感魅力，因而会显得无比吸引男人，这一坐姿还曾被众多男性评选为最钟爱的女性坐姿。

有的女性在跟心仪的男性相处时，总是频繁地交叉和松开两腿。虽然她们在两腿交叉时也会保持小腿平行的坐姿，但这样的做法可不能与小腿保持平行的端庄坐姿混为一谈，这些女性这样做只是为了将男人的注意力吸引到自己的腿上。

在社交场合，让交叉的双腿展现自己美丽的腿型是无可厚非的，但千万不要在商务场合中这样做。因为腿部会告诉别人你想要去哪里，以及对他人的好恶。

如果你是女性，除非你穿着的是 A 字型连衣裙，或是下沿至少长过膝盖的裙子，否则不要使用这样的姿势。要知道，女性露出大腿几乎会让所有的男人心神不宁。

这样的后果就是，这些商务人士会在听你说话时心不在焉。他们也许会记住你是谁，但很可能不记得你到底说了些什么。

如果你是一位男性，而且经常有机会与商界中的女性打交道，那么同样有一条准则要送给你——常常要提醒自己保持膝盖并拢的姿势，否则会很失礼。

两腿相缠的姿势较容易害羞。

## 6 双臂摆动幅度很大的人很纯真

年轻人走路容易蹦蹦跳跳，双臂摆动的幅度较大，有时甚至像急行军一样。这大多应该归因于年轻人轻快的步伐以及良好的肌肉柔韧性。然而，一般来说，双臂摆动幅度较大的人，一般都比较纯真。

双臂摆动幅度大，走路连蹦带跳的人，通常都是开朗热情的人，他们对待他人热情诚恳，做事磊落坦荡，即使是女性也有一股侠义之气。跟他们做朋友，可以感受到他们的真性情，在交流与沟通上不会感到有障碍。所以，很多人都喜欢与他们这种性格的人在一起谈心、聊天，因此他们的人缘也通常不错。

双臂摆动幅度大，而且走路一蹦三跳的人，一般都很纯真，有时会有点儿小孩子脾气。这类人无论年纪多大，总会保留着一些小孩子的特征。他们时而任性，时而率真，时而疯狂，时而忧伤，通常有什么心事都会流露于外表，不会隐藏自己的心思。

这类人也很喜欢表现自己，常常希望别人对自己有更多的关注，希望自己成为朋友圈子里明星式的人物。不过当他们耍小孩子脾气时，也不好伺候，他们可能会任性地大哭大闹，不分场合，也不会想太多的应该或不应该、可以或不可以之类的问题，而是什么都随着性子来，情绪来了谁也挡不住。

相对于男性，女人走路时，手臂向后摆动幅度更大，因为女人的肘部向外弯曲的能力强，这一特点让她们在背孩子时能更稳地托住孩子。

手臂是人身体力量的象征。强壮的手臂往往让人感觉很有安全感，女性喜欢拥有长而健壮手臂的男人，因为这不仅会让女人感觉安全踏实，关键是看起来很健康。拥有瘦小手臂的人让人感觉没有力量，如果一个人走路时手臂有气无力也很容易让人觉得病恹恹、无精打采。

总而言之，当我们挥动双臂时，不仅是力量的展示，也是一个人精神状态的写照。如果想让自己看起来更加年轻、精神，不妨向这些纯真的人学习学习，下次走路时把双臂摆动起来，把身体内的能量一同挥舞出来。

## 7 坐姿大大咧咧的人带有威吓与冷漠

一个人的精神状态如何，内在素养怎样，完全可以通过他的坐姿看出来。正确的坐姿可以给人端庄稳重的感觉；大大咧咧的坐姿会给人比较随意或者带有威吓与冷漠的感觉。随意的、没有分寸的坐姿，在社交场合应该极力避免。

“大大咧咧”的坐姿就是双腿敞开，尽量多占空间。如果一个人想占主导地位，那可以试试这种坐姿，尽可能地铺开你的双臂和双腿，能伸多远就伸多远，甚至可以将脚放到公共区域。采取这种姿势的人就像动物为了威吓敌人、占领地盘而扩展身体一样，心理上也有这种威吓别人的倾向。他们觉得这样就可以多占些空间，并且让别人敢怒不敢言。

从某种角度来说，一个不分场合、总喜欢张开两腿坐着的男人，很可能是从小被娇宠惯了。自以为比他人优越、自高自大的性格，迟早会给他带来麻烦。不同体态的人，坐姿也不尽相同。有一些人坐稳后两腿张开、姿态懒散。一般来说，这些人通常都是比较胖的人，由于腿部的肉过多，行走不便，所以采取这种慵懒的坐姿。

当别人请你坐下时，你应当走到座位前，转身后轻轻地坐下。需要注意的是，假如你是女士，身着裙装，在坐下前要先将裙摆捋一下，以免将裙子坐皱。

这种尽可能把双腿分开的姿势是一个纯属男性专用的姿势，在动物界，也有这种倾向，当雄性黑猩猩试图在猩群中间建立自己的权威时，也会做出这个姿势。它们全都把双腿大大地分开，谁占据的面积最大，谁就被视为是最有支配权的首领。这样的较量方式可以让猩群免受肉搏的伤痛。同样，男人在做这个姿势时也是为了争取地位。尽管大部分男人都没有意识到这一点，但是双腿分开的姿势的确传达出了权力与地位的讯息。

如果一个男人分开自己的双腿，那么其他男人为了维持自己的原有地位，也会纷纷效仿这一姿势。但是，如果男人在女人面前做这个动作，那将会产生非常不好的影响，在商务场合更是如此，因为女人不可能模仿这一姿势。如果一个男人在商务场合做出双腿分开的姿势，他身旁的女人就会产生遭受胁迫的感觉。

不拘礼节、无动于衷和漠不关心的状态，在商务会议中一定要避免，必须要保持双腿并拢的姿势。如果对方是一位女士，且经常遭遇这种热衷展示胯部的男人，只要她不产生防御心理，男人展示胯部的姿势也就随之变得毫无意义。把腿放在椅子的扶手上这同样是一个相当男性化的姿势，因为在这个姿势中，双腿也是分开的。这个姿势不仅强调了男人对这把椅子的所有权，而且还传达出一种不拘礼节和挑衅的态度。

当两个男人在一起谈笑风生时，把腿放在椅子扶手上可以算是无伤大雅的动作。但是，如果是在其他的场合，这个动作会产生什么不同的影响呢？

有一位员工因某个私人问题十分苦恼，想去向自己的上司讨教。这位员工坐在椅子上叙述来龙去脉，他身体前倾，双手放在膝盖上，低着头，语调沮丧，声音低沉。他的上司起初是静静地坐着，认真倾听，而后却把后背靠在椅背上，抬起一条腿搁在扶手上。这样的身体姿势变化表现出这位上司的态度明显转向无动于衷或是漠不关心。

如果在商务谈判中，遇到这种把腿放在椅子扶手上的人，那可真是一件相当烦人的事情。这个时候首先需要解决的，就是设法让这个人改变自己的坐姿，因为只要他一直保持这种坐姿，他内心漠不关心或是挑衅的态度就无法驱散。一个简单易行的方法是请他往前面坐一点，拿出一些资料给他看。

坐姿反映一个人的修养和他的精神状态。坐着时，我们的上身应正直而稍向前倾，头平正，两手交叠放在自己腿上，男性可将双膝自然分开与肩同宽，女性则应双膝并拢。

需要注意的是，即使是坐着非常舒服的沙发或靠椅，我们也不应该将后背靠在椅背上，这样一方面会显得你过于放松、没有礼貌；另一方面，背靠沙发会给对方留下傲慢的印象，不利于你们的进一步交流。

在与人交谈时，我们应该将身体微微前倾，双膝自然并拢，双腿正放或者侧放。特别是在倾听别人说话时，这样的动作会让对方觉得你正在认真倾听，而且也显示出你是一个易于接近的人。一般情况下，不要跷二郎腿，这是不礼貌的表现；也不要抖动腿部，这会让人感觉你非常紧张或者心烦意乱。

1/25秒的智慧

坐姿大大咧咧的人带有威吓与冷漠。

## 8 剪刀姿势站立的人希望自己隐形

如果有人喜欢双腿交叉，一只脚别在小腿后站立，那么你还是尽量少去打扰他，因为他这样是在暗自希望没人会注意到自己，起码是尽可能做到。

采取这种站姿的人多数很古板，也很胆小，有时会显得很乏味无聊。因为这种姿势的潜台词是“我不打算走开”。取剪刀姿势站立的人通常脚尖会有一定的朝向，比如多数朝向门外的位置，那表示他们随时都想走。

在人类的进化过程中，腿部动作主要服务于两种目的：一是向前走以获得食物，二是在遇到危险时逃跑。

由于人类的大脑直接关联着这两种基本目的：走向自己想要的东西和远离自己讨厌的东西，所以人们的双腿和脚部能够显示他们内心的动向。换句话说，通过观察别人的腿部，你就能知道对方到底愿不愿意跟你继续交谈。

如果你观察得更仔细一点，你还能发现，这些人会跟其他与会者保持较远的距离，比人们惯常的普通社交距离要远得多。采取这种剪刀站姿的人多数都自成一个世界，对周围的人采取一种你不来我不欢迎的状态，如果你和这些人交谈，会发现他们跟其他的与会者互不熟悉。剪刀站姿展现出保守、戒备的态度，因为这种姿势象征着拒绝任何人接近自己。

有些人坐着的时候也喜欢这种剪刀姿势，一腿别在另一只腿后面，双腿并拢，双手交叉于或者直接插于大腿中间。这类人通常比较古板，性情自我、固执，不愿轻易接受别人的意见，即便知道别人说的是对的，也愿意固执地坚持自己的观点，不肯低下自己的脑袋。

这类人还有一个特点，就是有些完美主义倾向，因此做的都是一些可望而不可即的事情。做事缺乏耐心，哪怕只是短短十分钟的会议，他们也会显得极度厌烦。所以，在现实中，他们经常遭遇挫折和失败。

## 9 把自己扔到座位上的人有些局促

一个人坐在椅子上的姿势行为，会因人不同而产生各式各样的坐法，有的是把全身猛然扔出似的坐下，有的则慢慢坐下，也有的则小心翼翼地坐在椅子前部，还有的将身体深深沉下似的坐下。其中猛然间像仍出去似的坐下的人，大多是在隐藏内心的不安。

不管面对的是初识者还是熟人，猛然摔坐在椅子上的人，表面上似乎是一副不拘小节的样子，其实他的心理状态和表面上的情况恰恰相反。这种看上去极端随意的态度后面，深深地隐藏着他内心的极度不安。这种坐态，出自不愿被对方识破自己真正心情的抑制心理。尤其是面对初次相识的人，这一心理更加强烈。采用此种坐态的人，在他坐下来以后，往往会表现出心绪不安、不时地移动屁股或心不在焉的神态，由此便可看出他的真正心绪。当然，如果是知心朋友或者亲属之间，则不能一概而论，可视为与其态度一致的心情表现。

一般来说，对于那种舒适地深陷在座位中的人，他的坐姿是在向他人表示自己的心理优势。坐的姿势，是人类活动中的不自然状态，坐着的人必然在潜意识中存在着可以立即站起来的心理。这在心理学上，被称为“觉醒水准”的高度状态。随着紧张情绪的解除，该“觉醒水准”也会随之降低。于是，人的腰部逐渐向后挪动，变成身体靠在椅背、两脚向前伸出的姿态。采用这种坐姿的人，很难一下子就从座位上站起来，这说明，他认为面对他人不必过分紧张，也不必担忧对方会侵犯自己。他有充分的信心来统御对方。所以深陷在座位中的坐姿，即向人发出了“优越”的信号。总之，深坐的人潜意识中希望自己居高临下，有一种强烈的控制欲；而浅坐的人，潜意识中会表现出一种服从对方的心理来。

相反，那些浅坐在椅子上的人，即只坐半个屁股的人，乃无意识地表现出自己居于心理劣势，而且缺乏精神上的安全感。在对方面前，他处于从属的地位。但也有这种情况，他的屁股浅浅地坐在椅子的边缘，手肘搁在大腿上，双手松弛地悬垂着。采用这种坐姿的人，表现出一种好奇心，对正在谈的问题很有兴趣。

由此可以知道，那些将自己猛然扔出似的坐下的人，一定是心里隐藏着什么事情，因此在坐的时候才会如此局促不安。

## 10 立正姿势显示自信

标准的立正姿势是：两脚跟靠拢并齐，两脚尖向外分开约 60 度；两腿挺直；小腹微收，自然挺胸；这个姿势最常见于站军姿。

这个站立姿势的要求较高，立正时要求上半身挺直，肩膀放平，微向后张，因为这样的站姿能把整个身体都调动起来，使人看起来非常有精神。这也是为什么普通人和军人站在一起时，总是军人显得更加威武、挺拔的原因之一。

立正的姿势是为了凸显男人的雄性气概，研究显示，缺乏自信的人们经常会使用双腿交叉的姿势。而自信的人更多采用的是立正的姿势。这种身体姿态从封闭转向开放的过程，缘于人们逐渐了解了周围的同伴，在感觉更加自在以后，逐步对周围的伙伴开放了自己的领地。那些充满戒备意味的双臂或双腿互相交叉的姿势，会自然而然地随着警戒的解除逐渐转向开放自然的姿势。

当两个人之间的交谈变得比较愉快，相互间建立起了和谐亲善的关系时，最先发生变化的就是腿部动作。他们不再保持两腿交叉的姿势，而是两脚并拢，形成立正的站姿。接着，交叉的双臂中处于上方的那只手臂会伸出来，而且在说话的时候手掌还会做出一些手势。尽管这只伸出的手臂还没有完全放开，但已经不再是阻挡对方的屏障，此时它不过作为另一只手的支撑，使整个上半身呈现单臂遮挡于前胸的姿势。渐渐地，双臂都放松下来，一只手做着手势，或是置于臀部，也可能是插在裤子口袋里。最后，彼此熟知的两个人都采取稍息的站姿，双臂自然舒展，显示出乐于接受对方的态度。

一般来说，在一个人的形象中，站姿占有很重要的地位。因为当你面对别人的时候，首先映入别人眼帘的就是你的站姿。有的人的站姿是抬头、挺胸、收腹，两腿分开直立，两脚呈正步，像一棵松树般挺拔。这种人是健康自信的人，因为自信，所以这种人做事雷厉风行，很有魄力。这种男人有正直感、责任感，是大多数女孩子追求的对象。而有的人站立时弯弯曲曲，头部下垂，胸不挺，眼不平。他们缺乏自信，做事畏缩不前，不敢承担风险和责任。

一个人如果站立时弯腰曲背，或略呈佝偻状，则属于封闭型立姿，表现出自我防卫、封闭、消沉的心理倾向。与上述站姿的人相比，精神气质上总处于劣势，同时还反映了他惶惑不安或自我抑制的心情。

除此之外，这种人很可能就是那种专干偷鸡摸狗之事的人，因为做贼心虚，生怕他人透过眼睛发现自己的所作所为，所以，他的头抬不起，胸也不敢挺起来。还有一类人，那就是长期因疾病服药的人。当然，这类人大家都可以理解，不是他们不想挺直腰杆做人，而是因为恶疾缠身。

因此，任何时候我们都要“站有站相”。这个标准的立正姿势，会让我们在任何场合显得自信满满。

## 11 插兜而站的人心思细腻、喜欢挑战

一般来说，那些习惯将双手半插于口袋中的人，都是心思细腻、比较有激情、有朝气的年轻人。

这类人做什么事情都带着一股激情，带着一股干劲，他们往往不满足于死板教条的工作，不满足于恪守陈规，不满足于机械式的工作，他们大多喜欢挑战，喜欢难度越来越高的工作。

越是有难度的，有挑战性的工作，越能激发他们的热情与干劲。每次他们完成了这个更高难度的任务时，心中都会升起一股强烈的

自豪感和荣誉感，这种感觉会激励他们去追求更高的难度、更大的挑战。

习惯将双手半插于口袋的人还有比较强烈的进取精神，他们不喜欢自己没有进步，不喜欢原地踏步的生活，所以他们常常会主动寻求能让自己不断提高的工作，会喜欢迎接新的挑战。对于他们来说，有挑战的生活才是有乐趣的，如果没有了挑战，他们在工作的时候则会显得意兴索然，没有精神，即使很好地完成了工作，他们的心里也没有丝毫的愉快和欣慰可言。

在为人处世上，这种人也喜欢结交那些比自己能力高的朋友，倒不是为人势利，而是希望从这些比他们能力高的人身上学到东西，从而提高自己。

所以，当我们看到有人常常将双手半插于口袋时，我们便可大致断定此人十有八九是个很有进取心、喜欢迎接挑战的人。

如果你正在跟上司谈话，当上司听得不耐烦时，他常常会把手插在口袋里站立，甚至还会在屋里踱来踱去；而如果他是一个在自然站立状态下喜欢双手插兜的人，那么他在做事的时候则喜欢三思而后行。

另外，站立时喜欢把手放在口袋里的人说明想要隐藏一些东西，是为了不让对方看破自己内心的警戒心理的表现，也是不信任对方的表现。也许他们是一边面露微笑地倾听，一边却将插入口袋中的手握紧，一副准备攻击的架势。当然，此种动作也可视为企图扩大势力范围的职业性姿态。不论是何意，手插入口袋而倾听对方说话的人，可以说是不仅不同意对方，并且有不想与对方确立亲密关系的意思。

在某一个晚会上，有很多人在聊天，可是总有那么几个人站在墙角边，背靠着墙，双手插在口袋里，静静地看着热闹的晚会现场；或者坐在灯光较暗的地方，后背靠着椅背，嘴里叼着一支烟，双手插在口袋里看着其他人。

这种姿势一般出现在非正式场合，而且做这个姿势的人一般表示对他人的无礼，好像在暗示：我根本不想跟你说话。在某些正式场合出现这样的情况，也表明对方非常强势，而且缺乏涵养。这时，如果你跟对方交谈或者向对方请教问题，你会发现对方不想跟你说话，即使迫不得已回答了也是敷衍了事。其实将双手置于口袋之中的姿势已经告诉我们：我此刻不想跟任何人说话。

在一些销售的培训课上，老师会告诉推销员，当顾客双手插兜在看商品时，他此刻并没有购买的打算，只是抱着看一看的心态，而且他也不希望推销员过于热情地向他推销，过于热情地进行介绍反而会烦扰他。这时，推销员最好先询问对方想要一个什么样的产品，在弄清对方需求后再进行推销，如果顾客只是说看看，那么就告诉对方："您需要的时候请随时叫我。"

有研究表明，当一个人在撒谎时，他总是习惯性地将双手插兜或者将双手背在身后，以使自己的双手逃脱对方的视线。如果对方在交谈过程中一直处于手插口袋的状态，或者不时会有抓挠脖子的动作，那么他很可能在撒谎，此时隐藏双手可以使他比较镇定；如果对方双手插兜站在人群外，脸上的表情很冷漠，那么他很可能只是不想被卷入到谈话情境中去。

自然站立时喜欢双手插兜的人，性格通常谨小慎微，凡事三思而后行。如果让他们决定一件事，不如你先给他们一份计划。在工作中他们最缺乏灵活性，往往用呆板的办法去解决很多问题。他们对突如其来的失败或打击心理承受能力差，在逆境中更多的是垂头丧气、怨天尤人。

# 1/25秒的智慧

插兜而站的人心思细腻、喜欢挑战。

他们城府较深，不肯轻易向人表露心迹，而且性格偏于保守、内向，凡事步步为营，警觉性极高，不肯轻信别人。

假如我们养成将双手暴露于别人视线之下的习惯，会慢慢养成坦诚面对别人的习惯。如果你希望自己的性格有所改变，不妨试试经常把双手拿出来。

## 12 4字腿型坐姿富有挑战意识

“4 字腿”又叫欧美腿，它和中国人的正襟危坐有明显区别。中国人传统的坐法是上身与大腿、大腿与小腿之间分别成直角，腰杆挺直，膝盖收紧。欧美人却并不习惯“正襟危坐”，他们喜欢将一只脚的脚踝压在另一条大腿上，看起来就像阿拉伯数字“4”一样，所以这种架腿法就被称之为“4 字腿”。习惯坐成“4 字腿”姿势并抱紧双臂，把自己置于一个封闭的空间的人不太容易向他人敞开胸怀。抱臂而坐时手臂的肌肉鼓起，力量全都集中在臂膀上，因此抱臂而坐的人通常会看起来有对外界排斥的感觉，同时又很强势。换句话说，抱臂而坐的人往往都有很强的挑战意识。

有一位知名销售员将在大会上发言。当这位销售员走向讲台时，其他人都相应地做出了双腿和双臂交叉的戒备姿势，表现出他们对这位销售员的发言怀有担忧和害怕的情绪。同事的这种反应的确不无道理，这位销售员怒斥经理管理能力低下，并认为这就是公司员工管理中存在的最大问题。在这位销售员发言的过程中，听众席的大部分销售员

4字腿型坐姿富有挑战意识。

要么身体前倾，表现出相当有兴趣，要么就做出思考的手势；但是经理则始终保持着戒备的身体姿态。

接下来，这位销售员论述，在他看来，相对于销售员而言，销售经理到底应该扮演怎样的角色。这个时候，就像交响乐团的乐手接到乐团指挥发出的指令一样，大部分男性经理立刻改变了坐姿，仍然紧抱双臂，并做出“4字腿”的姿势。这就意味着他们都在内心里对这位销售员的观点提出反驳。之后的事实验证了这一点，很多经理稍后的确提出了反对意见。有一些经理尽管不同意这位销售员的看法，却并没有改变坐姿。不过，通过进一步了解，我们发现这部分经理大都是由于身体条件或者疾病所限，无法做出“4字腿”的姿势，比如身材过于肥胖、腿部有伤或者患有关节炎等。

在面对一个身体处于戒备姿势的人时，如果你想要说服他同意你的观点，那么你最好先试着让他改变自己的身体姿势，然后再进行劝说。你可以拿出一些资料让他看看，邀请他坐到你的身边，或者麻烦他帮你做一点小事，替你拿点东西等等。这样，他的身体姿态就会改变。另外，给他递上一杯茶或者咖啡也能产生不错的效果，因为人们很难在端着杯子的时候让双臂或者双腿互相交叉，除非他不怕烫到自己。

“4字腿”也是展示胯部这一姿势的坐姿版本，一般来说，美国男人经常使用这种坐姿；另一些受美式文化影响较大的国家，例如新加坡、日本和菲律宾的年轻人，也喜欢采用这种坐姿，这种姿势所表现的是争辩或者争胜的态度。在所有的灵长类动物中，雄性在作为胜利者时，最喜欢采用这种姿势展示自己的雄性资本。在澳大利亚和新西兰等国家，人们既会使用欧洲版的双腿交叉坐姿，也会使用美国版的“4字腿”坐姿。在第二次世界大战期间，纳粹党特别关注人们的坐姿，一旦发现有人摆出“4 字腿”的姿势，他们就能立刻判断出这个人肯定不是德国人，或者他曾经在美国生活过。

如今，这个坐姿已经广泛存在于多种文化背景里，如俄罗斯、日本、马耳他等，这些地方的年轻人深受美国电影和电视节目的影响，渐渐地便开始模仿荧屏上的美式坐姿。男人在摆出这种坐姿时，不仅能体现自己的自信和支配地位，同时也能显得放松和年轻。可是，在中东和亚洲的某些地区，“4 字腿”的坐姿却被视为对他人的一种侮辱，因为这种姿势会将鞋底展示在众人眼前，而人们在行走的时候难免会让鞋底沾上污垢。

人们有时会在穿着长裤或牛仔裤时，做出“4 字腿”坐姿，但这通常发生在女人之间的聚会中。女人很少会在男人面前做出这样的姿势，因为她们不想表现得过于男性化，或者是不想让男人误认为自己在进行性引诱。

另外，还有研究显示，大部分人在作出重大决定时，都喜欢保持双脚踩在地面的姿势，所以当别人的坐姿是“4 字腿”时，最好不要立刻要求他作出决定。

## 13 习惯坐在老板座位的人有控制欲

在职场和商场，座位排序是一门学问。开会就餐，很多人都会选择自己习惯或喜欢的座位，有人喜欢坐在众人之前，受人瞩目，有人可能喜欢角落，把自己藏起来。从座位的选择上我们也能看出人的性格。

通常来说，一个集体坐席中正中间的座位是最佳位置。当别人说话的时候，坐在正中间位置的人可以一边观察一边靠着后面，可以同时看到两侧的参与者。同时他几乎不会处于对立的位置，无论是这一边还是那一边。因此，这个座位被称为“老板位”。

喜欢和习惯坐在老板位的人都很有控制欲，这种类型的人喜欢掌握大局的感觉，他们尤其喜欢自己讲话时被众人仰慕，成为话题焦点的情景。

坐在老板位置的人更容易发起话题，也更容易和更多的人有更紧密的联系。他的左边、右边、对面都有人可以讨论。正因为处于“左右逢源”的位置，因此这个位置占据了天时地利人和：既能成为焦点，掌控全局，又不会和他人产生距离感。

坐在老板位置上的人，身体上的前后移动在每次谈话中也会起到积极的作用。因为这构成了一个人在发言和倾听角色之间的相互转换，这对其他座位上的人来说也是一个很好的谈话技巧。无论我们和一个人还是和几个人坐在一起，原则上我们都要求自己单独坐一个座位。谈话时，我们应该注意随时给对方一些信号，以表明自己的注意力在对方身上，比如通过抬一下眉毛、点头表示同意以及其他一些小动作，这些对每一次对话都很重要。

老板位置旁边的位置也很重要，它很容易引起老板的注意，同时又会使坐在那里的人与老板的亲近之举很自然随意。常坐在老板位置旁边的人有更多机会表现自己。

一般，在每周的例会上，大家都习惯扎堆往后边的座位挤，离老板那越远越好。这天小李来晚了，后排的座位自然是没有了，前排只剩下老板旁边的两个空座——这可是座位的大忌，没有人愿意坐在老板身边，等着被检视。小李环顾一周，实在没有其他的座位，他只好讪讪地跟正在给大家倒水的服务生说，“给我找把椅子。”此时，会议室已经安静了下来，小李声音虽然不大，却被老板听见了，他侧转身子，冲小李挥了挥手，指着自己身边的空位说：“这边坐。”眼见会议就要开始了，小李不得不硬着头皮坐到了老板旁边的空座上。

从会议开始到会议结束，小李一直坐立不安，浑身别扭。往常开会，他总是坐在后排的椅子上，那是老板看不到的自由空间，想听就听，不想听就看报纸、发短信、打手机游戏，瞌睡了还可以打个盹儿，可这回，他不仅失去了自由，而且还得挺胸抬头地坐着，装模作样地做笔记。这还不算完，老板时不时地要征求一下员工的意见，于是，作为离老板最近的员工，小李被询问了数次，就算是再无话可说，也总得说句“是”吧。就这样，小李低眉顺眼地在领导旁边的座位上熬了整整两个小时，恨不得会议赶紧结束，逃离那个可怕的位置。

会议终于结束了，小李像火箭一样“嗖”地站起来直奔自己的办公桌，好好地把绷了两个小时的身体伸展开，这才感觉松弛了下来。

周四又是例会，小李磨磨蹭蹭，想晚点去，等别人把老板一边的座位解决掉，而老板另一边的座位从来都是部门主任的专座。可没想到，骨干竟然又没有出现。这下可糟了，后排座位早就被占满了，小李只好硬着头皮又坐到了老板的旁边。离开会时间还有几分钟，老板饶有兴趣地问道：“你叫什么名字？”

“我叫李刚，业务部的。”老板点头：“你最近接了什么单子？”说到工作小李可有话题了，他立刻兴奋地把最近刚接到的一笔单子来了个详细的汇报。把老板说得心花怒放，过了不久，就在众人羡慕的眼神里得到了一个外派学习的机会。

可见，座位的选择很重要。坐老板身边的空位是一个自我提升的绝佳途径，和老板随意的聊天和难得的交流，容易让对方认识自己，获得认可和提拔的机会。

## 14 脚尖告诉你真实想法

脚尖的指向不但表示此人想去的方向，同时也可能表示对所指向的人感兴趣。

有几个朋友一起结伴到餐馆吃饭，她们围坐在一张桌子旁边。从桌子上方看，她们互相之间都有着融洽和谐的关系。而从桌子下方看，则有了不同的场景。另外几个人的脚尖都朝向了其中的一个人，由此也可以看出，这个人才是这群人中间的主角。

如果你仔细观察那些正在面对面进行谈话的人，你会发现，也许表面上看起来其中一方正在发表讲话，另一方正在兴致勃勃地倾听，但是这时如果你仔细观察谈话者脚尖的指向，便会发现一个有趣的现象：那就是在谈话的一方对着另一方讲话的同时，脚尖也指向着对方，这种动作表示他对对方很感兴趣，正在尽力发表令对方感到愉悦的讲话。如果对方懂得这种无声语言传递的信息，意识到并也注意到了对方的脚尖指向，如果没有其他因素的参杂，他会不自觉地将自己的脚尖指向对方，表示自己的好感。

一般，我们很容易忽略脚尖的指向。似乎脚在地上的摆放位置只是一种天然的习惯，没有太多的深意，所以脚尖朝向也就不值得探讨。

实际上，当我们的上身在自身潜意识的作用下发生偏移的时候，我们的下肢也会跟随着移动，而脚尖也就朝向了我们最感兴趣的人或事物。脚尖的动作虽然很小，却能揭示出一个人内心深处的想法。因为在对方能注意到的地方，我们对自己的一举一动也会更加留意，这种关注会让我们有时候刻意改变自己的身体语言，避免自己的内心世界轻易被别人识破。虽然刻意的身体语言通过仔细辨认也是可以识别的，但一般人还是很难发现。所以就造成了上肢动作可以“撒谎”的情形。

而下肢动作则很难撒谎，大部分人在注意了自己的上肢动作后都很难顾及下肢的动作，于是内心最真实的想法就很容易通过下肢动作流露出来。比如，你的脚尖会不由自主地朝向你关注的事物。伸长的脚是脚尖朝向的强化延伸动作，脚尖只是微微表露了心意，而伸长的脚则是在向对方明确地示好。

当我们与对方谈话时，无论是对谈话内容还是交谈对象，只要我们感兴趣，我们就会把脚伸向对方，缩短与交谈对象之间的距离。反之，如果我们兴味索然，我们就会缩回自己的脚，尽量拉远与交谈对象的距离。如果我们是坐着谈话，这样的行为更加明显。如果我们不想谈话，也懒得附和对方的意见，就会把脚收回，甚至交扣着脚踝放到椅子下面，呈现出一副封闭姿势。

不同的人在行走时，脚尖的朝向会有所不同，也就是我们常说的“外八字”和“内八字”之分。如果排除生理缺陷等原因，这些行走中的脚尖朝向也会在一定程度上反映人的性格。

如果一个人习惯用“外八字”的姿势走路，也就是脚尖往外偏的幅度很大，表明他会被一些无关紧要的小事所吸引。为了得到更多的信息，他甚至愿意绕道而行。

而“内八字”的姿势使得脚尖朝向里，有刹车的作用。有着这种走姿的人经常犹豫不决。如果他的上身姿势经常是封闭性的，那么他的内向、拘谨的性格特征表现得就更加明显了。他们永远是一副憨实厚道的样子。但这种人在厚道的外表下，并不显得沉静。他们平常留意生活中的细节，事事喜欢按部就班地进行，如果有突发事件发生，就会大乱阵脚，而变得手足无措。这种人的形象注定了他们不会创新，他们情愿跟着潮流走。当别人把一定的权力交给他们，而使其成为众人注目的焦点时，他们就会浑身不自在而烦躁不安，因为他们只追求平淡的生活。

# 第七章

## 弦外之音：语音语速背后的秘密

就算是高手也有失算的时候，狐狸也有打滑的时候。语言是最容易被人用来伪装自我的一个工具，但是，即使技巧再高超，碰上了微表情破解高手，那也只能如同被钉住七寸的蟒蛇一样，本事再大，也无法脱身。没错，语音语速就是揭穿他人心思的利器！那些话多速度又快的人究竟想表达什么？打电话声音猛然提高的人有什么性格缺陷？现在就是见证其解的揭秘时刻！

## ① 说话前清喉咙可能是在掩饰情绪

说谎或掩饰真实情绪时，人们习惯用手接触脸部以获得安慰。也有的人因为刻意规避而跳过此细节。不过，无论男女在说谎时都会刺激唾液的分泌量，男人的喉结会使吞咽口水的动作更加明显，微笑更少。对于男性而言，清喉咙的明显动作是喉结跳动，通常喉结跳动是焦急的信号。它也用来展示吞咽或者抑制，这一点在很多影视剧与动画里被频繁应用。

在比较正式的场合，说话开始时总是清喉咙的人，多是紧张和不安的情绪所致。说话的过程中不断清喉咙的人，可能是为了变换说话的语气和声调，还有可能是为了掩饰自己内心的某种焦虑和不安。还有的人在说话过程中并不是不断地清喉咙，而只是偶尔一两次，这多半是表明他对某一个问题并不是特别认同，还需要仔细认真考虑。

需要注意的是，故意清喉咙有时还是一种警告的表示，是为了表达自己的某种不满情绪，同时也包含着向对方示威的意思，告诉对方自己可能会不客气。总而言之，如果一个人说话的时候，不断地清喉咙，那说明此人对自己的话根本就没有把握，他只是在发表自己的观点，而且这种人具有杞人忧天的倾向。

为什么掩饰情绪时会产生说话前清理喉咙这一现象呢？原因有很多。

比如我们不喜欢周围的事情，不喜欢自己的所见所闻，或被迫谈论一些隐私话题等等。人们在掩饰自己的不舒适时首先会表现在生理上，这是边缘大脑觉醒的结果。这时，我们的心率会加快，头发会竖起来，会大量流汗，呼吸也会加快。这些生理反应是自发出来的。除了这些，身体也会通过非语言形式来表现我们的不舒适感。如，我们会将身体轻轻移开，以起到阻隔或保持距离的作用，还会重新调整自己：或者轻轻摆动双脚、扭动屁股或者用手指敲打某物。

另外，当我们感觉不舒适时，声音可能会变调，听起来会前后不一致。因为压力而感到口干，这时吞唾沫也变成了一件很费劲儿的事。掩饰情绪的人的喉结可能会突然上下跳动，同时伴随着清嗓子的动作，可能是一下，也可能是连续几下。

记住一点，当某人在做这些行为的时候，肯定是困苦的信号，但却不一定是欺骗的信号。十分诚实的人在法庭上作证时几乎做出了所有上述动作，这只是出于紧张，而不是因为他们在说谎，因此，我们要根据具体环境去译解各种紧张和压力的信号。

如果你是人事方面的负责人，希望通过这种线索来观察面试者，建议找一个清楚的视角。最好可以在一个能够看到对话人整体的环境中进行，即不要在双方之间设置任何障碍，这样便能更加全面地观察你要观察的人。

在观察、询问的过程中，要注意适当停顿，不要连珠炮似的问问题。如果你的急躁或鲁莽引起了对方的反抗，你想准确地发现欺骗行为的希望就会落空。

## ② 话多速度又快的人都很单纯

我们经常会遇到说话速度很快的人，只要他们一开口，就没有停下的意思，而且常常在别人没有完全理解时就戛然而止。这种类型的人通常会自以为自己热诚、能说会道。其实，这往往显示了他们思想单纯，没有心计。

说话很快的人除了语速快，还有一个显著的特点是音量很高。对于说话者自己来说，因为说话的速度太快，肯定没有足够的时间思考自己的言语，顾虑别人的反应和感觉。这样，说话者自己泄露的东西太多，招致对方的误解也会很多。此外，说话像放连珠炮似的这种人将交谈变为个人脱口秀专场，说话的时候“唯我独尊”，会招人厌烦。这些都表现出这类人说得多想得少或先说后想的单纯性和直接性。

通常，小孩子发现一件事情或玩得兴趣盎然时，会不假思索、语无伦次地对家长或他人将自己的所见所闻一股脑儿地说出来，就像放连珠炮。他们就是我们身边思想最单纯、也没什么心计的人群。

我们说话的目的就是要让对方领会自己的意思，但说话像放连珠炮的人由于说话太快，会使听众疲于追赶他的思维节奏，感觉会很累很累。而如果对方不能确切地把握其听到的内容，会使得双方造成不必要的尴尬，甚至是误会。

在工作以及生活中，这种人都会因为雷厉风行和心直口快的性格，而容易获得他人的好感。但同时，他们也会因为说话时没有顾及别人的感受而得罪人，或表述不清、话语太多而遭人反感，言多必失！到头来也使得自己自讨没趣。

因此，我们在与说话像放连珠炮的人交往时，不要因为他们的话语伤着了自己就误解甚至记恨对方，也不要因为厌恶这种说话方式而回避他们。殊不知，这类人是最没有心计的，且他们思想单纯，值得交往和信赖。

如果因为对方说话快、声音大，而感到自己没有说话的空间或机会，不如尝试用幽默来打破这种僵局。如约会的时候、面试的时候、主持会议的时候、和陌生人一同进餐的时候，因为许许多多意想不到的事件，人们常常会陷入僵局。这种时候，有些人会为此尴尬万分、大为失态；有些人却能悄然化解、轻松摆脱；而有些人则能适时地用幽默化解僵局，让大家都松一口气。这些善用幽默打破僵局的人，大多数反应能力都比较强。

善用幽默打破僵局的人，总能在第一时间感觉到某种不和谐的气氛，并且想到用合适的话语来打破僵局。这不仅能使当时的气氛得到缓和，还可使尴尬或气恼的双方都有台阶可下。这种人，不仅观察事物的能力强，而且具备机智、敏捷的判断力。

## 3 说话慢又带口头语的人较成熟谨慎

有这样的一些人，在交谈时，他们经常会停下来，放慢语速说：“这个”，然后仔细分析一下。我们不难发现，这类人说话办事都比较谨慎。

经常使用“这个”“那个”的人，可能是由于自身掌握的词汇少，或是思维慢而导致的，是他们在说话时利用它作为间歇的方法形成的口头语。

那些带有“这个”“那个”口头语的人，一般比较和蔼亲切，待人接物时也能做到客观理智，冷静思考，认真分析，然后作出正确的判断和决定。而且，他们不独断专行，能够给予他人足够的尊重，反过来也会得到他人的尊重和爱戴。也可以说，这类人反应比较迟钝或比较有城府，因怕说错话，需要间歇来思考。

语言是人际沟通的载体，人们借助语言进行思想和情感交流以达到相互了解的目的。通常，单位的领导者或团队的主管，讲话的时候总是逻辑严密、不慌不忙，这可不单是因为他们有卓越的管理能力，更主要的是因为这些人说话的时候有自己的主见。

一方面，讲话慢容易让人理解话本身的含义，并且让人有更多的思考时间去理解真正的含义，这样也有利于自己和对方进行有效沟通；而讲话快的人，基本上只顾着自己表达，无暇在意别人理解没理解他的意思。

另一方面，讲话慢的人，在讲话的时候会考虑好自己的言语或表达方式后再说出来，即“三思而后行”。这样更容易表述自己的意思，可以提高和对方沟通的效率。

说话慢条斯理的人，还说明他们的心理很成熟，面对问题的时候不会鲁莽和急躁，有自己的主张和见解，不会事事都询问他人。当然，也绝不是从不听取别人的建议。这是因为这种人通常头脑极为冷静，能看清事态的发展和变化，关键的时候能拿主意，但决不是逞能。说话慢条斯理的人，工作起来效率不一定是最高的，但他们会兼顾质量与

# 1/25秒的智慧

说话慢又带口头语的人较成熟谨慎。

效率，能做到随机应变。他们在生活中也比较沉稳，做事有计划、有条理，不至于活在忙碌和烦躁当中。

因此，与说话慢条斯理的人交往的时候，你不要妄想轻易说服这样的人，因为他们很有自己的主见，不会随意改变自己的主意。当然，也千万不要急于亮出自己的底牌。否则，对方会将事情策划得更加周密，好像什么事他都可以胸有成竹，会使你难以回旋并徒增心理压力。

## 4 音量高讲方言的人性情多粗犷

有些人天生嗓门大，说起话来声音很响，如果一激动，旁人听着像吵架。这种高声大气是人们用来召唤、鼓动、说理、强调和表达自己激动心情的声和气，可以表现出说话者的激情、粗犷、豪放的性格。

这种类型的人脾气有些暴躁，如果情绪失调，较易发怒，易激动，但优点也很突出，那就是为人坦率真挚、热情，说话直截了当，从不拐弯抹角绕圈子。

这类人多容不得自己受一点点委屈，他们会据理力争，直到弄个水落石出为止。他们有时会充当急先锋，起召唤、鼓动的作用，但有时也会在不知不觉当中被人利用，而自己却浑然不知。

历史人物张飞以粗豪、勇猛、爽直和坚贞的品质深深地吸引着历代的读者。这个人物说话声如洪钟，具有浓烈的草莽英雄气质。从其外表便可看到这一点，他“身长八尺，豹头环眼，燕颔虎须，声若巨雷，势如奔马”。在长坂坡一役，曹操率众军追赶张飞。张飞立马桥头，圆睁环眼，厉声大喝：“我乃燕人张翼德也，谁敢与我决一死战！”吼声如雷，将曹军部将夏侯杰惊得肝胆碎裂，跌于马下。曹操回马而走。这段有声有色的传奇故事，凸现了张飞粗犷的草莽英雄气质。很多人一听说要与强敌对阵，大都会心生恐慌，或想临阵脱逃。其实，这种做法等于认输。如果你能先发制人，以声气夺人，就可减轻这种心理压迫。

另外，说话声音高昂、洪亮的人大都有比较充沛和旺盛的精力，自信心充足，有一定的欣赏品位和鉴赏能力，待人热情、诚恳，气质优雅，能够吸引人的目光，并且有荣誉感。

说话喜欢讲方言的人，往往感情丰富，特别重感情。他们的适应能力也许不强，与其他环境的融合或许需要很长一段时间，但这类人的自信心较强，有一定的胆量和魄力，做事很容易成功。

台湾交际专家方树生在谈到方言的作用时说：“喜欢人家说他的方言，这是人之常情。

如果你对广东人说广东话，对福建人说福建话，对宁波人说宁波话，对上海人说上海话，如果你是他的同乡，当然产生同乡的好感，彼此易于接近；如果你不是他的同乡，而能说很纯熟流利的对方方言，他一定会觉得你特别聪明，虽然初次相见，印象却可能会很好。对于你的请求，本来不想答应，或许可以因此而通融。”

如果能够在言谈中保留故乡话的人情味，同时又能用理性的普通话来和人交谈，撷取两种语言的优点，是最理想的方法。另外，在生意往来、各地区的洽谈会、招待外来宾客等场合中，如能巧妙地活用故乡的语言，也会增加彼此的亲切感。

## 5 不能轻易被打断话题的人多爱听奉承

有的人说起话来口若悬河、滔滔不绝，有的人则喜欢喋喋不休地倾诉。对这样的一些人，不妨做个最佳听众，不要打断他，不要责怪他，与他保持亲密但适度的距离，显得专注一些，并刻意营造美妙的谈话氛围，因为他们是喜欢听别人奉承的典型。

不需要用语言表明你正在注意倾听别人讲话的最好方式之一就是点头。当一位客户正向你喋喋不休地讲解某件事的一些细节，你不插话，但你又希望让他知道你正在听他讲话，这个时候点头特别有效。

一般来说，说起话来像连珠炮似的滔滔不绝的女性，性格会非常灵巧，有顺应任何环境的能力，而且，这类型的女性多半具备语言、绘画的才能，个性善良，不会拒绝他人的请求，从而为自己带来一些烦恼。

小玲的妈妈是位朴实的农村妇女，虽然没怎么上过学，但是通情达理，善解人意。小玲觉得妈妈哪儿都好，唯一让自己感到不满意的地方就是只要妈妈一开口说话，就不容易被打断，有多长说多长，不说完不算完事。

有时小玲着急看一个电视节目，偏巧妈妈过来找她聊天，小玲一边听一边看，三心二意，希望妈妈快点说完，可是妈妈絮絮叨叨地说个不停，总也没完。小玲一着急，就想办法，比如提醒妈妈说：“妈妈，你是不是在烧水，水开了吧？”妈妈恍然大悟跑去厨房看一看，但谁知道返回来之后竟然还能接着刚才中断的话题继续说。

小玲算是服了妈妈了，虽然这点常让她感觉有点儿烦，可是妈妈也有一个最大的优点，那就是无论做了什么惹她生气的事情，自己只要抱住妈妈说两句好听的话，妈妈准保就不生气了。

倘若是口若悬河的男人，有时因不会接纳他人的意见、过于主张自我而惹来麻烦。他们自认为好的事却常常是旁人厌恶的。

不能轻易被打断话题的人都爱听奉承话，大多数人都很乐观，不会闷闷不乐或钻牛角尖。但他们同时也因为乐观而有疏忽的一面，那就是可能做出违背本意的事。这类人给人的第一印象虽不佳，却能在交往一段时间后慢慢化解彼此间的误解，而让人发现其个性品位。当然，也很容易引起异性的误解。

## 6 口齿不清的人意志很坚定

在人际交往中，我们经常会发现一些人口齿不清、反应迟钝，最初你也许会有厌烦的情绪，但等到彼此熟悉或了解后，会发现这类人往往不仅意志坚定，而且才华出众，甚至会一鸣惊人。

古今中外，有很多口齿不清的人都是凭借自身坚强的毅力和不屈不挠的精神最终成功改变形象，跃身成为成功的伟人。如古希腊寓言家、《伊索寓言》的作者伊索、伟大的思想家亚里士多德、著名的古希腊演说家德摩斯梯尼、科学家牛顿，进化论的提出者达尔文、法国皇帝拿破仑一世、英国前首相丘吉尔、无产阶级革命家列宁等等，都曾经是口齿不清队伍中的一员。新近大热的奥斯卡得奖影片《国王的演讲》中的乔治国王，也是典型的口齿不清的代言人。乔治六世深为自己不能流利地当众发言感到苦恼，但是当他克服了自己的自卑，努力扫除口齿不清障碍后，一举得到了臣民的热烈拥戴，并通过自己的演讲极大鼓舞了人民抗击希特勒的斗志。无一例外，这些口齿不清的成功人士都拥有意志坚定、才华出众的特点，且最后都一鸣惊人，在各自的领域作出了突出贡献。

口齿不清、反应较迟钝的人，通常有以下两种情况：一种是他们仅仅是语言表达不够精彩，但往往能一鸣惊人，这说明他们在某一方面或某几方面有比较出众的才能，只要努力，都能很快成功；另一种人则是说话方面确实不够出色，而且也不太经常表现自己，但他们注重少说多做，以免去自己词不达意的形象缺憾，而用自己的实际行动证明自己的能力。可见，这种人的意志往往是十分坚定的。

爱因斯坦三岁多了还不会说话，中学时代的他连许多测试都不及格，有时候人家问他叫什么名字，他都好长时间答不上来。然而，长大的爱因斯坦却成为世界上最伟大的科学家之一。同样，英国首相邱吉尔上学时作业做得很差，说话结结巴巴，口齿不清，所有人都嘲笑他的无能与可笑，但他最后却成了二战期间最伟大的领袖、演说家、文学家。

口齿不清、反应迟钝的人通常会给他人留下天生木讷的印象，但他们大多数却是笃志坚行，见解非凡的人，往往能终成大事。这说明口齿不清、反应迟钝并不是他们智商有问题，而是这些人耐性较好，且内心活动丰富、善于思考。

由此可见，我们在与口齿不清、反应迟钝的人交往的时候，不能单从这一方面来判断对方，而要学习他们做事的劲头和能力，平等对待并尊重对方。

## 7 将肯定语气词挂嘴边的人很自我

有些人总爱把“绝对”“肯定”“一定”等肯定词挂在嘴上。在与人交谈的时候，经常语气强烈地提到“绝对”这个词。而通常性格较温和、交谈时考虑别人想法的人是不会经常说到“绝对”这个词的。喜欢说“绝对”的人，往往不顾及他人的想法。

“绝对”这个词在词典里表示的是极端程度的意思。在日常生活中，人们使用这个词的时候，表达的意义远没有词典中那样极端。但研究表明，喜欢说“绝对”的人大多有自恋的倾向。

但是，这一点却常被他们用来作为自我防卫的借口和被证明错了时候的挡箭牌。在这种情况下，他们常常会不断用“绝对”来进行保证，如“绝对不会再犯”，“绝对不会再这样做了”等。有时他们的“绝对”被人驳倒后，为了掩饰自己内心的不安，总要找一些理由加以解释，总想让自己的东西被人接受。其实，别人不相信他们的绝对，他们自己也不相信这样的绝对，只不过是为了维护自己所谓的尊严而已。

在同异性的交往中，用不了多久，他们就会说出很多的“绝对”。虽然恋爱到了一定程度，偶尔说“绝对”也是表达情感的很正常的方式，但是，满口“绝对”的人，他们的甜言蜜语就值得怀疑了。

因此，在日常生活中，我们如果遇到喜欢说“绝对”的人，可以尽量多强调自己的观点。这样，在与不常考虑他人想法的他们交往时，才能让我们自己也融入到话题中去。

大多数人在日常交往与交流中往往意识不到非语言信息的重要性。事实上，语言的交流通常只占了整个交流过程的7%，很大一部分的交流都是由非语言信息完成的。非语言信息包括身体语言、语气、神态等。

商务合作中，尤其是一些必须经打电话沟通的情况中，无法实现面对面交谈中对身体语言的使用，这个时候个人的语气、语调就显得特别重要。语调表明你的感情和情绪，也能表明你对这个通话人的态度。记住“语调不是你说了些什么，而是你说话的方式”。

你必须意识到并不是所有的身体语言在电话交谈中都失去了用处。虽然这个正在与你谈话的人看不到你，可他在与你进行电话交谈时，会在意识中勾画出你的样子。你的一些表现——表情和身体语言等可以使你说话的方式发生微妙变化，比如你的语气和腔调，这种微妙变化会被电话那端的人捕捉到。所以，如果你想给对方留下好的印象，你就必须用能给对方留下好印象的讲话方式。商务活动中应传达这样的一种语气给对方：态度明确、热情洋溢、乐于帮助、举止得体。

## 8 句句凸显“我”的人爱表现

在人际交往中，有人常常谈论自己，包括曾有的经历，自我的个性，对外界一些事物的看法、态度和意见等。他们在谈话中喜欢使用“我”字，他们张口闭口都离不开“我”、“我的”等口头禅。一般来说，这样的人性格多比较外向，感情色彩鲜明而且强烈，主观意识较浓厚，爱表现和公开自己，多少有点虚荣。

仔细观察一下，我们不难发现有这样习惯的儿童也非常多，这也是不足为奇的，因为这是一种儿童心理的表现。但是，有些成年人也这样说话，就算不常用“我”字，而爱用“我们”或者“我辈”等字眼，这也表明他们具有相同的性格，具有很强的表现欲。

心理研究表明，有些成人之所以养成这样的说话习惯，其原因可以追溯到他们的婴幼儿时期。在哺乳期，婴幼儿与母亲有一种身心合一的亲密关系；而到了断奶期，婴幼儿的这种感觉就受到了威胁。为了避免这样的威胁，婴幼儿学会了说“妈妈”、“我”这些单词。“妈妈”和“我”这些词语在一定程度上缓解了孩子的不安全感。

在孩子的心目中，“妈妈”和“我”是密不可分的。没有妈妈，他们很难生存下去，所以他们对妈妈有着难以割舍的心理依恋。孩子不断地强调“我”，可以从母亲那里得到一种安全感。经过这样的不断强化，孩子就频繁地使用“我”，从而获得更多的安慰。等孩子慢慢长大以后，就逐渐被社会同化了，由一个小家的孩子变成了社会的孩子，他们通过不断地说“我”、“我们”来获得安全感的要求逐渐变淡，取而代之的是强烈的表现欲。他们并非要把自己的观点强加于人，而是企图强化自己的存在、表现自己。与这样的人交往，一般来说是比较安全的。如果你有这种习惯，就应该及时修正自己的个性，使自己的性格很快成熟、健全起来。

这些人的另一个特点是，常常喜欢把“所以说”挂在嘴边。他们认为自己在开始的时候就已经了解所有的事情，颇有先见之明。当别人说出事情的结果的时候，他们总会说：“我之前不是说过了吗？我早就知道结果会是如此。”特别强调自己对事情的发展早已了如指掌。他们绝对不会说：“是啊，你说得对，我也这么想。”而总是说：“所以说，事情就是这样，我之前不就说过了吗？”乍听起来是他们善于总结，但深究起来却远不是这么回事。

常说“所以说”的人最大的特点就是喜欢以聪明自居、自以为是，态度也表现得很强硬、傲慢，并且更喜欢将功劳揽在自己身上，总认为自己所说的话具有绝对的权威性，说话完全不顾及对方，似乎有逼迫他人的感觉，因此对方常会因这种被践踏的态度而受到伤害。他们就算很惹人讨厌，但自己却浑然不觉。他们并不觉得自己是个傲慢、令人厌恶的人，反而认为他们相当值得同情，因为得不到众人的认同和理解，周围的人都不愿意去倾听、了解他们的心声。因此，我们一定要留心说“我”和“所以说”这样的口头禅，尤其是在自己并不是最高职位的时候。

相反，如果一个人在叙述某件事情的时候，只是在单纯地叙述，不加入过多的自我感情色彩，而是将自己置于事外，则表明这个人比较客观、理智，情感比较沉着和稳定，鲜有过激行为。

谈话在我们的生活中是一项不可缺少的重要内容。在谈话中，通常人都不会非常直观地谈论自己，但在不知不觉、有意无意当中总有透露自己的时候，在此过程中，注意谈论内容是什么，谈论者的神态和动作怎样，细心一点，一定会获得一些有益的东西。

## 9 说话总是附和他人的人或圆滑或没主见

“对啊”这个词语用来肯定对方说的话，表示毋庸置疑。日常生活中，没有人喜欢别人违背自己的意愿行事。而这些喜欢说“对啊”的人，通常都有好人缘。他们嘴边挂着“对啊”，表面上是一团和气，人际关系不错，但这并不一定就是他们的心里话。其实，他们是以“对啊”来迎合别人，暗地里却常常是为了自己的利益而精打细算，为人处世比较圆滑。

“嗯，对啊，就像你所说的那样。”

“对啊，确实是这样，我也有同感 。”

类似这些用来赞同或认同对方的话，会让对方听起来显得格外舒服，非常高兴地认为原来你的看法和他一样。其实，讲这种话的人并非发自内心、谦虚地认为你的话都是正确的。他们之所以常常将“对啊”这句话挂在嘴边，是因为这样比较容易与你相处，使自己的人际关系更加融洽、顺利而已。他们一心为自己着想，希望借此得到更多的利益。

另外，常说这句话的人通常不属于那种自我意识特别强烈的类型，他们比较善解人意，不会勉强别人按照自己的步调走，不会强人所难，不会斤斤计较。因此，他们一般可以营造和谐的气氛，自己也可以成为受欢迎的人。可是如果碰到这种类型的主管，就别高兴得太早。对你的意见他可能会回答：“对啊，你说得很有道理。”不过当事情进入最后决策阶段的时候，他会要求你按照他的意思去做，而且相当固执，无论你再提出什么样的意见和建议，也都是徒劳。寸步不让的做法令他一反常态，与往日判若两人。

“对啊”一方面是肯定对方，另一方面却是敷衍对方的一种手段，他们对于对方的意见不屑一顾，甚至连反驳都懒得反驳。这种人是算计他人、处世圆滑、不得不提防的危险人物。

一个人为了拥有圆满而顺利的社会生活，其言语里必定少不了敬辞。然而，在日常生活中，我们有时候很难碰到妥当的敬辞。与其说这是由于普通人对于敬辞的掌握不够，不如说是有人故意使用尴尬的敬辞。那些善于恭维、善用敬辞的人，通常都比较圆滑世故。

在说话中善于使用敬辞的人，对他人有很好的洞察力，往往能够体会到他人的心情，然后投其所好。这类人随机应变的能力很强，性格弹性比较大，与绝大多数人都能够保持良好的关系，在为人处世方面多能如鱼得水、左右逢源，在处理各种事情时都显得相当老练。他们相当精明，很少有吃亏上当的时候。虽然表面上看来他们很容易向他人妥协，实际上他们有自己的主张，而且往往有一张非常广大、实用的关系网。

## 10 总是说“其实”的人有点儿任性

大部分人都有自己的口头禅，比如“还好”、“随便”、“一般”等等，不同的口头禅反应了人们不同的个性与对事物的喜好，如果你注意观察，你可能会发现，自己身边有一些人总是在说话的时候带一个词语“其实”。“其实，我的意思是……”，“其实，我并不是让你不要去……”，“其实，我早就说过，但是你不听……”这些耳熟能详的对话揭示了一类特殊的人，这类人以讲“其实”作为对他人开诚布公表明心迹的敲门砖。但事实上，说话总是爱讲“其实”二字的人通常都有点儿小任性，做事爱以自我为中心。

露露年轻漂亮，性格开朗活泼，所到之处总见欢声笑语，很多人都以为她肯定有很多好朋友，但是奇怪的是，那些和露露接触过的人虽然对露露的性格赞赏有加，却对露露的为人处世多有不赞同，一些人甚至对露露有负面印象，这是为什么呢？

原来，露露凡事都爱和人讲“其实”之道，但其实的结果不是双方欢喜，而是一方生厌。会计部的小刘特别喜欢露露的发型，她觉得非常好看，想自己也剪一个同样的发型。为了这事，她去征询露露的意见：“露露，你对发型那么有经验，能不能给我点建议？我想去剪一个和你一样的发型，你觉得怎么样？”

露露上下打量了一下小刘，眉头皱了皱，眼神向右闪动了一下，说道：“这个发型吧，挺挑人的，你剪也可以。像我的脸型就比较适合这发型，剪什么都好看。但是你的脸那么大，恐怕不太好吧。”听了露露的话，小刘的脸色有点难看，虽然说得有道理，但是不知道为什么不中听。露露大概也察觉到小刘的不高兴，她赶紧说：“其实不是说你剪不好看，我这个人不太喜欢和人重复。”听了这话，小刘心里更加不是滋味，本来只是一个友好的询问，怎么露露说着说着就完全变了滋味呢？

在日常生活或工作中，“其实”这个词表达的意义通常是对别人提出的观点持有反对意见的成分。通过大量调查研究，心理学家发现，那些喜欢说“其实”的人大多有一种自我欣赏的倾向，这类人通常较为固执，判断事情往往比较主观，并且喜欢凡事以自我为中心进行规划。

一般来说，性格随和的人在与人沟通的时候，往往会站在对方的立场上来考虑问题，因而对别人的看法通常持赞成的态度；相反，那些喜欢说“其实”的人，性格大多任性而倔犟，往往不易改变自己的想法。

事实上，经常说“其实”的人，由于对自己的才能往往估计过高而导致事情发展出乎意料，而且，即便在失败的情况下，他们依然会用“其实”来为自己开脱罪责。

因此，我们在日常生活中，如果遇到经常说“其实”的人，最好用不容置疑的口气加强自己的观点。然后，当对方开始为自己的错误寻找借口时，可以采用大量的事实指出他的错误，最终让其心服口服。

## 11 打电话声音猛提高的人容易激动

在地铁里、公交车站，总是会见到这样一些人：一接电话，声音会猛然提高很多，好像接了外放，似乎生怕别人听不到，这种喜欢提高音量说话的人比较容易激动。这一部分人可能是自我主义者，对自己很有自信，也比较喜欢听奉承话，通常表现欲比较强烈。

对于那些表现欲强烈的人，无论到哪里他们都试图表现一番。他们很自信，只要有机会，他们就愿意大胆地“秀”出自己，即便打电话也是一样。

他们往往不自觉提高音量，以引起别人的注意或是出于一种炫耀心理，甚至有时还故意让别人听到他谈话的内容，因为谈话中可能涉及一些令他觉得很有面子的事，所以他很希望别人听到。

敢于自我表现的人通常是自信心极强的人，他们无论什么时候、什么场合、面对什么样的人，都能保持强烈自信。有的人越是在正式的场合就越紧张，越不敢放开手脚施展自己的能力；而“打电话声音猛提高”这类人则最喜欢这样的场合，正好可以表现自己，发挥自己的才能。他们迫不及待地想得到这样表现自己的机会，属于那种“给点阳光就灿烂”的人。

# $\frac{1}{25}$秒的智慧

打电话声音猛提高的人容易激动。

敢于自我表现的人，往往在工作中能引起领导的注意，因为他们常常有意无意地展现自己，别人想不注意都难。在团队中，不论什么活动，他们都能出尽风头，即便在他不擅长的活动中，为了表现自己，他也要不断插科打诨，抢夺别人的眼球。

这种性格可能会受到领导的赏识，但常常阻碍了他与同事之间的关系，因为他太爱表现，太爱出风头，所以可能常常抢了别人的风头，这就难免引起同事的妒忌和不满。“木秀于林，风必摧之。”一个团队里如果有一个人太出色，再加上他太喜欢表现自己，那就相当于把自己与其他同事的距离拉远，你的出色总是衬托出其他人平庸，其他人必定会对你有看法。渐渐地，其他人就会形成一股反抗的力量来与你对抗，即便你不会被排挤出去，那你也不会在团队中有好的人缘。

因此，如果你发现在公共场合打电话时声音很大的人，通常是一个有较强的自我表现欲的人，但这种欲望通常会触犯他人，以致他失去良好的人际关系。

## 12 突然话多可能是掩饰不安或狂躁

一个原本沉默寡言的人，忽然变得健谈，在某一场合中或某个人面前变得口若悬河，反映了他的一些小心思——要么是想转移对方的注意力和思维方向，避免其提起某些令自己不快的话题；要么是怕对方提出自己有可能无法应付的新问题，所以以这种方式来阻止对方讲话。

君峰是一个内向沉默的人，结婚后还是这个样子，有什么事都不跟老婆交流，气得老婆动不动就骂他是“锯了嘴儿的葫芦”。

可就是这么一个“闷葫芦”，最近两个月突然跟换了个人似的，变得健谈了。原来老婆唠唠叨叨时他从来都不理，可现在老婆一开口，他就笑嘻嘻地跟她扯，而且还净扯些不着边际的话。

以前，每次吃过晚饭后，老婆的习惯是拉着他一起看爱情电视剧，并且还特别喜欢边看边评论：“你瞧，小雪多漂亮、多善良，遇到这种美女，大亮这种老男人还不珍惜呢……”而现在君峰从来都不让老婆有评论的机会，他会想尽办法让老婆陪着他说话，而不是看电视剧。他甚至专门准备了一个小本子，上面写满了新听来的笑话或好玩的事，从吃完饭到睡觉前，他会不停地给老婆讲故事，逗老婆发笑。

君峰的妻子感到十分诧异，她一方面为丈夫的转变感到高兴，一方面又担心丈夫遇到了什么事情。直到有一天，她偶然在丈夫的手机上读到一条暧昧的短信，一切才真相大白。原来，君峰之所以如此，是为了封住老婆的嘴，免使她提起与爱情有关的事，以免自己不小心露出马脚。

现实生活中，上述故事中的“突然转变”其实也是时有发生的。一个木讷的人失恋后突然和亲朋好友喋喋不休讲自己碰到的新鲜事；一个原本比较沉默的女孩子，在喜欢自己的男孩子约自己出去时，会不停地说话……

由上，你一定会发现一个问题：突然由沉默变得健谈的人，往往是刚遇到了一些事情，并且这些事情均是他们不愿意再次提起的。说得再明白一点，就是他们心里有“鬼”，为了不被人发现这个“鬼”，他们会想尽办法引开话题，把对方的思维引向别处。至于那个在喜欢自己的男孩子面前突然变得滔滔不绝的女孩子，则很可能是因为她不喜欢对方，不希望听到对方表白，以免使自己陷入一个难以推托的境地，引发双方尴尬。

然而，如果没有什么顾忌，原本沉默的人突然在某个场合中变得健谈，则多是由于该场合出现了某个特定的人或特定的事件，他想引起这个特定人物的注意，或者他对这个事件超乎寻常地感兴趣。如果一个人平常说话慢慢悠悠、从不着急，而在某一时刻忽然很大声又较快速地不停说话，甚至很急迫地进行反驳，那么很可能是对方说了一些对他十分不利并且是无端诽谤的话，语速的加快表达了他内心的不满、着急和委屈。

但是，也有特殊情况，一些精神疾病患者，最明显的表现就是突然话多。一般来讲，先期情况都是情绪低落、忧郁，但如果有一天，本人突然变得开朗、爱说话、热情，不要以为这是病好了，其实，这说明他的病已经转为躁狂症了。所以，情绪及表现的突然变化可能不是好事，是情绪积压到一定程度转为躁狂症的表现，出现以上症状的患者应及时就医，尽快治疗。

## 13 诚实人不一定常说“说实在话”

一开口就说“说实在话”的人，也许并不诚实。经常说“说实在话，不骗你”的人，十分在意对方对自己所陈述的事件的评价，并且会很担心对方误解自己，因此喜欢用这几个字来强调事情的真实性，以期得到对方的认可。

那么，为什么他会很担心对方误解自己呢？为什么他一再强调自己所陈述的事情的真实性呢？为什么他那么害怕得不到对方认可呢？如果不是过分谦卑，那答案恐怕只有一个：他谎话连篇，经常虚构事实。说简单点，他一点都不老实，就是个骗子。

人是一种理性的动物，但在很多时候却会被本能所支配，所以才会时有“下意识”、“不自觉”等情况出现。语言在很多时候就是被人的本能所支配的，虽然绝大多数时候，谈话的内容都是人们经过思考和逻辑整合后才说出来的，但几乎不论何时，人们在谈话中总会穿插一些简短的词句，这些词句往往没有什么实际意义，对谈话内容也不构成什么影响，并且不需要经过思考，因此完全可以被忽略掉。

但是，如果说话者与你的利益息息相关，那你一定要注意了。因为相对于其他经过思考和逻辑加工的内容，这些简单的词句完全出于说话者的本能，因而更能反映他的真实意思，甚至是品性。“说实在话”就属于这一类，经常以此作为过渡的说话者，实际上是在不停地提醒你相信他。可以想象，只有没有十足的底气，甚至企图掩饰事情真相的人才会如此。

以这句话来赢得思考时间的说话者，实际上是在透露一种信息：我一定要想出更合适的“事实”或“语句”，让你觉得我更可靠、可信。

另外，如果在说这句话的同时，说话者还伴以摸嘴、摸鼻子等典型的撒谎动作，则几乎可以百分之百断定：这个人不可信，他在欺骗你！

当然，上述分析并不绝对，经常说“不骗你”的人并非一定在骗人，有时候反映了说话者的不自信，有时候反映了说话者的恳请之心，有时候则反映了说话者“真诚实”的本性。至于你面前的这个人属于哪一种，只要再结合他的性情和其他日常行为就可以判断了。

## 14 不同的口头禅表现不同的性格

口头禅是话语中最不经意却又最常出现的语句，常与说话者的性格、生活遭遇或是精神状态有关。其实“口头禅”原本是佛教禅宗的词汇，是指不用心领悟，而把一些现成的经验挂在口头上，假装自己经过深入思考，后来演变成形容个人的习惯用语。正因为是“习惯用语”，它背后往往隐含着许多心理活动和心理作用。

当你向人提问时，有些人会老老实实回答你，也有人会针对问题发出疑问，希望进一步确认，还有些人则从来不针对问题回答，而是把问题再丢回来给你。

无论回答什么，总是尽量回答肯定句的人，比较诚恳老实，有话直说，个性直爽，认为凡事说开来有助事情进展。

针对这种直爽人说话就要实话实说，不要绕圈子。不必怕会不小心得罪他们。就事论事是他们为人处世的原则，小心翼翼反而会让他们觉得你不诚恳、难以交心。

总是对所听到的问题有所怀疑，发出疑问句的人比较细心谨慎，对别人的要求也很严格，自主性强，凡事喜欢追根究底，有自己的一套规矩。面对这种人，在解答他们提出的疑问时要尽量避免使用“也许”、“可能”、“应该”等模棱两可的语句，否则这只会给自己找麻烦。

有的人回答问题时语气很莽撞，总是会用反问句把问题抛回去，这类型的人是那种当你问他们“你对这个产品有什么想法？”时，他们会反问你“你自己觉得呢？”的人，他们很少正面回答问题。这种人防卫心重，别人要先“给”，他们才会考虑要不要付出。与这类型的人谈生意，常常要运用利益交换的方式，像是“您现在订货，我可以额外送您……”因此，最好不要一下子就把肉全部端出来，而要一步一步慢慢撒饵，他们才可能认真考虑。

总是说“对”、“当然”、“的确如此”的人对别人有很好的“肯定”心态。他们多半善良、有自信，为人和善。他们会不断给你信心，并提供各种意见，但他们不见得一定会和你交易；不过即使被拒绝，你从他们身上得到的，不管是方法还是自信的提升都够多了。

总是说“可是”“但是”“不过”的人个性偏向任性，习惯以自己的想法和做法为中心，但他们个性温和，所以选择用“但是”“可是”等委婉的字眼，就算反对别人的意见，也不至于给人强势或难以沟通的感觉。这种人不喜欢让人留下坏印象，虽然对他们死缠烂打往往能奏效，但最好还是长期经营，才不会让他们成为“一次客户”。

说话时，会提到“不好意思”“拜托”“打扰了”的人个性通常都很优雅有礼貌，内心总是充满不安和矛盾，有自己的想法，不喜欢被强迫的感觉。当他们抗拒时试着用问句引导他们，像是“您觉得它再加上什么您就会买？”再针对他们的意见进行说服。只要让他们打消抗拒的念头，就有可能使他们买下这“完美”的商品。

总是确认事实的人，比如总是问“真的吗？”“不会吧！”这样的人，他们需要肯定和关爱，有点被动，希望给人没有威胁与企图心的友好感觉。面对这些人时，要尽量站在关心和朋友的立场上进行说服，对他们的生活流露兴趣，分享你对他们的想法及看法，并给予肯定及赞赏，他们会敞开心胸和你交流。

而那些习惯追问“然后呢？”的人个性上比较小心，自我防卫心强，但还是会为了让日子好过而带点妥协与顺从。在为人处世方面很冷静，工作和人际关系都不错。他们之所以这么问，表示他们大概已经料到你会讲些什么，以及会如何回应。如果你能展现不同于其他销售员的特质，例如只花很少的时间谈商品，他们会因为感到意外而对你友善。

每个人都有一些不同的说话习惯，例如在句尾加上“啊”“呢”“哦”之类的语助词，或在某些心理状态下，语调拉高或降低。当然，这些差异或习惯十分微小，有点难以察觉，因此，我们不妨从客户习惯性使用的回馈句型和显而易见的口头禅来进行判断，这样比较容易得到客观的结果。

# 第八章

## 有趣空间：身体间距离的和谐与危险

“敌进我退，敌退我进”，这句话用在说明人与人之间的身体距离上还是挺贴切，挺有趣味性的。仔细想想，你就能注意到，每个人都有一个自己可以接受的亲近距离和冒犯距离。距离把握得好，才能有很好的社交圈；距离把握得不好，很有可能吃力不讨好，事倍功半。对付这个难以拿捏的身体距离问题，现有八字技巧相送，那就是“敌驻我扰，敌退我追”。掌握好空间交往规则，才能在社交战里各个击破，稳操胜券。

## ① 身体向外倾斜随时准备离开

身体和身体的距离说明了一个人对另一个人的态度。身体间彼此靠得很近，说明关系很亲密，恋人之间一般都喜欢紧密相依。朋友同事之间关系亲密，也喜欢手挽手或走路时离得很近，鲜有两个敌视方肩并肩亲密交谈的情景，除非他们贴身肉搏时彼此交换信息。

一个推销员正在给李丹介绍产品。已经过了20分钟了，但对方仍然喋喋不休，话题越来越琐碎枯燥，李丹实在有点儿忍耐不住了，她打开双腿坐在椅子上，一只手拉下自己的头发，另一只手则在大腿上轻轻摩挲着。她完全没有注意到，在过去的20分钟里，自己始终保持着双腿交叉的姿势，而且身体后倾，脚尖正指向最近的一个出口。她开始抖动双腿，有点儿想要起身的渴望。似乎是意识到了李丹的不耐烦，整整说了20多分钟的人突然停下来，他看着李丹向外倾斜的身体，抱歉地说道："不好意思，说了这么长时间，打扰您太久了。那您先忙，下次有机会我再给您介绍新的产品。"听到对方这么说，李丹心里长长松了一口气，她立刻挺直了身体，开心地把脚收回，微微地抖动了起来。

一般来说，越是远离头部的身体部位，我们就越不关注它。比如，大部分人都对自己的脸部非常在意，而且会有意识地控制面部表情和头部姿势。我们甚至可以通过反复练习，熟练地掌握一些表情。例如，假装若无其事的样子，表达反对态度的眼神，强颜欢笑等等。如果朋友在你过生日时又送给你难看的礼物，相信你一定能毫不费劲地展现开心的笑脸。可是除了脸部以外，我们很少注意到双臂和双手的姿势，胸部和腹部也一样不受重视，更不用提腿部的动作，而双脚则几乎完全被我们忽略掉了。

一个人或许可以假装出镇定自若的表情，可是如果他的双脚不断地轻敲地板或者双腿一直微微晃动，那就说明在镇定自若的神情下，他的内心充满了想逃却逃不了的挫折感。身体向外倾斜，双脚轻轻晃动隐藏着当事人逃离当前困境的企图。为什么要逃离呢？很可能是因为感觉到自己的私人空间已经不再安全。

人与人之间的空间距离可以划分为四种：亲密的距离、私人的距离、礼貌的距离、一般的距离。

所谓亲密的距离，就是说互相之间可以有身体上的接触。定个标准的话，就是从身体相接触到互相间只隔开极小一个距离 (0cm—45cm)。这种距离，通常在夫妻做爱、情侣亲热、极亲密的朋友之间或孩子依恋父母的情况下才产生。

处在极亲密的情况下，你必然会有一种受到对方压迫的感觉。因此，如果让两个成年男子处于这种距离之中，必定会使他们产生尴尬和不安。跳舞时，尽量使互相之间的身躯相距远些，尽量错开眼光避免直接的对视。

当你被迫和他人处在亲密的距离之间，比如在拥挤的车上，狭小的电梯里的时候，切勿盯着人看。那意味着你在用目光“抚摩”对方的身体。

# 1/25秒的智慧

身体向外倾斜随时准备离开。

在近的私人距离中，你可以用自己的手脚，搂抱到对方或者拔拳打到对方。你的妻子有资格停留在你的私人近距离界限之内，可是如果有另一个女人进入到你的近的私人近距离之内的话，你的妻子便会感到不安，她会频频向你示意或者因此而醋意大发。

双方伸直手臂正好能触及对方手指尖的距离，在这个距离里，你不可能轻易地和对方接触。两个人在街上不期而遇时，他们停下来聊天时，常常采取这种距离。但是，如果是在宴会上，他们之间谈话时，又会把这种距离调整为近的私人距离。

你所站的距离等于是一种声明。

在中世纪的画作里，那些身份高贵的男主人公总是保持着稍息的姿势，因为这样的站姿能够让他们展示自己精美的袜子、鞋子和裤子。这个姿势非常有助于我们判断一个人当下的打算，因为人们伸出的脚尖所指向的方向，往往就是他们内心里想要去的地方，而且，这个姿势看起来也就像是一个人正要准备迈步的样子。如果是和一群人在一起聚会，我们伸出的那只脚，总是会朝向最幽默或是最吸引我们的那个人；但是如果我们想要离开的话，那只脚就会朝向离我们最近的一个出口。

## 2 习惯揽肩拍背说话的人大多不设防

一个人的性格习惯和从小生长的环境有很大的关系，不管后天怎么修正，还是多少会保留从小养成的习惯。在与其他人说话的时候，有些人天性喜欢与人揽肩拍背。

有一个女孩自小在幸福的家庭中长大，家里除了她，清一色都是男生，所以全家人对她都很宠爱。这个女孩儿做什么事情都喜欢撒娇，对哥哥总是揽肩拍背，表示自己的亲昵，而且，她不管在肢体动作、说话语气还是穿着打扮上，几乎都和小公主没两样。

进入社会后，对于周边的同事女孩依然保持一样的态度，与人说话时总是不自觉就靠得很近，无论说什么话题，总是睁大眼睛感觉非常喜欢的样子，说着说着就喜欢用手揽住对方的肩膀或者拍拍后背，表示自己的好感。

有些年长的女同事总因此觉得女孩太过随便轻浮，私底下提醒女孩注意点儿，但是无论怎么提醒，一到兴奋时刻，女孩还是会不由自主做出一样的动作。尽管有点不合大人的意，但女孩的天真坦诚依然为自己带来了不少朋友。

许多研究都指出，即使和陌生人也能做到揽肩拍背的人一般都很开朗，容易和人做朋友，也比较容易说服他人。有时一个动作，不用开口就能有效说服对方。这些人常是重情重义的代表。很多影视剧里，就常用这个动作来表现人物重感情、洒脱的性格。

一般来说，人会根据对象的不同来调整自己的位置。和不喜欢的人说话，总会保持一定距离；和亲近的、喜欢的人说话，则会特意靠得很近。而且，人会下意识地目测这个距离。据此分析，上司或资深同事拍自己的后背或肩膀是一种亲近的表现，甚至是信任的体现。因此，即使你为此感到很郁闷，也只能接受，最多心里感叹："怎么又来了……"要知道，和自己不熟的人有身体接触的时候，人们都会觉得有生厌的感觉，因而不会做出揽肩拍背的举动。然而，这类人根本不会有这样的想法，他们反倒觉得："我拍你的肩膀，你肯定很高兴吧。"在潜意识里，他们认为自己很了不起，而这也是他们能在管理层或政界取得成功的原因之一。

我们对待他人个人空间的态度，决定了我们会成为受欢迎的人还是遭嫌恶的人。所以，不管跟谁打招呼都要拍对方的肩膀，或者在聊天的时候总是接触对方的身体，时间久了，这种大大咧咧的人会让别人感到嫌恶。

有太多的因素会影响到人们与他人之间所保持的身体距离，所以，在你思考为什么人们会保持某一特定间距的问题时，一定要考虑到每一个细微的因素，然后再作出判断，在你“管辖”的地方，才是你感到安全的地方，这样才是最明智的做法。

## 3 突然开始打哈欠希望谈话结束了

打哈欠是最显著的模仿行为之一：只要一个人打哈欠，他身边的那些人就会接二连三地打哈欠。

人为什么要打哈欠呢？研究发现，一般人一次打哈欠的时间大约为6秒钟，在这期间人闭目塞听，全身神经、肌肉得到完全松弛。因此可以认为，打哈欠使人在生理上和心理上得到最好的休息，对人体具有重要的生理保护作用。

有人认为打哈欠是脑缺氧的表现，如果一个人在听他人讲话时，感到心理疲劳，会忍不住通过打哈欠的深呼吸运动使血液中增加氧气，排出更多的二氧化碳，从而使精力更加充沛。你会发现，当人困乏的时候往往是哈欠不断，以提醒人体，表示大脑已经疲劳，需要睡眠休息，所以打哈欠也是一种催眠的方法。当人即将进入紧张工作之前，也常会哈欠连连，这可能是人体借助深吸气使血液中增加更多的氧气，提高大脑的活动能力。

罗伯特·布诺温发现，打哈欠的传染性极强，以至于你甚至不需要目睹别人打哈欠，只要看到有人张大嘴巴，你都会忍不住打起哈欠来。现在我们认为，打哈欠是一种模仿行为，它能够让人与人之间建立起友善关系，避免产生冲突。这种理论同样适用于猴子和黑猩猩。

总之，打哈欠是人体的一种本能反应，它像心跳、呼吸一样，不受人的意志所控制。人们通过打哈欠保护脑细胞，增加脑细胞的供氧，提高人体的应激能力，如果你发现对面的他正在忍不住打哈欠，那么赶快停下你的发言，适时地递上一杯咖啡，帮助对方休息一下吧。相信，重新振奋精神后，他会更容易接受你的观点。

## 4 逐步后退，他不想与你过于亲近

当有人慢慢走向你，一旦你感到不自在，就会让他停下来，并且自己会逐步后退，直到你处于一个令自己感到自在的距离才停下来，这个区域是否有所不同？你能说明其原因吗？

其实，这个自在的距离就是测量你能接受的私人空间和亲密空间的阈值。如果你想表达对某人的好感，你会很乐意与他亲近，身体前倾，头部前倾，肢体发生碰撞……但是如果有人在和你谈话的过程中，不逐步后退，他不想与你过于亲近。

断对逐渐靠近的你节节后退，那你要注意了，你已经在无意中侵占了对方过多的私人空间，让他产生了不安感。后退表明对方并不想与你过于亲近。

试着侵入某人的缓冲地带。如在等候线前、电梯里或公共汽车上与人站得“很近”，观察一下人们的反应。你会发现，大部分人都选择后退来表达自己的拒绝，有些人则选择正面对峙，用愤怒的眼神凝视你以发起质疑。

现在你是否明白为什么学生用于在图书馆占座位的书籍被统一摆放后会引发众怒？银行为何要设 1 米线？无数的书本和文章都探讨过动物对领地的重视。不管是大动物、小动物，还是人类，都有自己的方式标示自己的地盘，并且防备同类入侵。如果你能了解人类对个人空间的那种微妙感觉，你就会更加注意自己的言行，而且在跟别人进行面对面交往时，你也能更准确地预判他们的反应。

大部分动物都会将自己身体周围一定的区域视为自己的私有领地，至于这块领地范围的大小则主要取决于动物生长环境的拥挤程度，以及当地动物分布的密集程度。所以，私有领地的大小是由当地的整体环境决定的。

人类也有自己专属的个人空间，别人一般会在两种情况下进入我们的私密空间（距离身体 15cm—45cm 的范围）：其一，入侵者是一个关系密切的亲戚或者朋友，也可能是爱抚我们的情侣；其二，入侵者怀有敌意，甚至准备对我们进行攻击。就像我们前面所说过的那样，人们只能容忍关系密切的人进入自己的私人空间和社交空间。所以，一个闯入私密空间的陌生人会让我们的身体立刻产生生理反应。我们会心跳加快，大量的肾上腺素会注入血管，血流把肾上腺素传送到大脑和肌肉，于是，我们的身体就作好了随时出击或者逃跑的准备。

这就是说，如果一个人在面对你的时候逐步后退，那就说明他不想亲近你，甚至对你有些反感。尽管他们可能满面笑容，似乎相当喜欢你，但你得知道，这仅仅只是因为他们不想得罪你。

如果你想给别人留下好印象，就一定要遵守“保持身体间距”这一黄金法则。只有在和别人的关系更加亲密的时候，别人才会愿意让我们进一步靠近他。比如，一个新上岗的员工在刚开始跟同事打交道时，可能会觉得其他人都对他很冷淡，但这只是因为大家都还跟他不熟，所以只会让他进入社交空间。随着大家彼此之间的了解逐步加深，身体之间的间距就会逐渐缩短。最后，其他同事会愿意让这位新员工进入他们的私人空间，如果相交甚笃，甚至可以进入私密空间。

## 5 向你的方向微躬在等你说话

当上司一边说话一边将身体往一侧倾斜，另一只手向前平摊，手心朝上放在桌面上，语速减慢，双眼直视你的嘴唇或眼睛，这说明上司在等待，此时他说什么并不重要，重要的是他在用身体语言告诉你，该轮到你说话了。上司的潜台词：“我要告一段落了，别光听，发表高见。”

你可以这么做：既然上司做出这个动作，说明他有足够耐心倾听。如果你有不同意见，这时提出最好。和上司说话前一定要打好腹稿，把自认为最精彩的言论放在这时说，上司会格外重视。

两个来自城市的人彼此握手问好，他们会把手伸到距离身体 46 厘米的位置。正如我们前面所提到的那样，一个人对个人空间的需求与他所生活地区的人口密度相关。例如，在人烟稀少的田园长大的人，会比在人口稠密的城市长大的人需要更大的个人空间。

所以，我们只要观察对方伸出手的幅度，就能判断他是来自大城市还是小乡村。在城市里长大的人通常需要半径46厘米的个人空间。这个半径也是当他们跟别人握手时手腕和身体之间所保持的距离。

把手伸到个人空间的边缘处，可以让彼此问好的两个人互不侵犯对方的个人空间。在人口密度较低的乡间长大的人，通常需要半径1米以上的个人空间。同样，这也是他们在跟人握手时手腕与身体之间所保持的距离。

两个来自乡村的人在握手时，把手伸到距离身体1米的位置。乡村的人在跟你问好时，通常会稳稳地站在原地，为了能够握住你的手而身体前倾；而城里的人则会走上前去跟你握手。在偏远地区长大的人还会需要更大的个人空间，最大的能够达到半径6米。这些地区的人们在彼此见面时不会采取握手的方式，而是远远地站着，向对方挥手问好。

偏远地区的人们在见面时会保持较大的身体距离。生长在城市的农用设备推销员，在偏远农村进行上门推销时，一定会觉得上述信息非常实用。比如，一个农民或许需要半径1米至2米的个人空间，那么，如果你跟他握手的话，他就会觉得自己的个人空间遭到入侵，从而产生不快或者抵触的情绪。那些来自乡村的优秀销售员一致认为，在跟乡下的顾客问好时，虽然可以握手但身体不要靠得太近；而在跟偏远地区的农民打招呼时，只要远远地挥挥手就可以了。以这种方式开场的推销，最有可能获得满意的销售成果。

一个人所拥有的房屋和他经常使用的空间，共同构成了他的私有领地。在这些领地遭受入侵的时候，他会为了捍卫它们而战。家、办公室、汽车，都代表着一个人的私有领地，人们会用墙、铁门、栅栏、户门之类的东西明确划分领地的边缘。每一个领地的内部也会被分为若干个小领地。比如，家庭中的某个成员可能会将厨房视为自己的专属领地，在他使用厨房时不允许任何其他成员进入厨房；公司里的某个商务人士可能会对会议室的某个座位特别偏爱，而将它视为自己的专属空间；同样，也许咖啡馆的某个顾客会特别青睐墙角的那个席位，家里的妈妈或者爸爸也会有自己最喜欢的某把椅子等等。所有这些区域要么就是人们所拥有的财产，要么就是人们常常使用的空间。咖啡馆的那位顾客为了充分占有自己喜爱的座位，甚至会在桌面上刻上自己名字的大写字母；公司的那位商务人士为了标记属于自己的座位，会用文件夹、钢笔、书、衣服等东西堆满那个半径 46 厘米的私密空间。

当你在办公室和上司会面时，如果上司邀请你坐下，而你无意中却没有坐在他指定的那个座位，反而坐在了上司自己喜欢的位置，那么上司一定会因为个人领地被入侵而滋生焦躁情绪，并且随之产生防御心理。其实，一个简单的问题就能化解这样的尴尬。“哪个座位是您的？”落座之前多问这么一句，你就不会误闯入上司的私有领地了。

## 6 坐在敌人身边有利于化解矛盾

在西方国家中，做父亲的在家中常坐在椭圆形桌子或长方形桌子两头的位置上，因为它是第一个位置，象征着权威。在中国，长辈总是坐在八仙桌的上手，俗称“朝南坐”。与此同理，在家庭的餐桌上，我们可以从坐的次序分辨出家庭的组成情况；同样，如果一群人坐在会议桌旁开会，领袖人物一定自动地坐在公认为首位的位置上，同时，我们可以从其他人坐的位置离领袖人物位置的远近距离上，判断出他的地位的高低或与领袖人物的亲疏关系。一般，对立的双方，必定相对而坐；心存异议的人，十有八九坐在较远的地方。

那些在会议上站起来发表意见的人，内心必定有一种优越感，认为自己的意见是举足轻重的。而坐着听他发言的人，坐的距离越近，他就越是感到讨厌或不安，而会议的主持者，往往会用手势叫他坐下来发言。

学生时代，每当考试时，如果监考老师走到你身边站下，你心里就会产生一种烦躁不安的感觉，脑子仿佛一下子变得迟钝了，简直不知道怎么做题好。一个女同学说，有一次监考老师走到她身后的空座位上坐了下来，害得她一直心神不定，以致写错了答案。当时，她忍不住想回过头去，冲着监考老师大喊一声："请你离开，别影响我的考试！"

事实上，父母在责骂孩子时，也总是采用把身体倾到孩子面前的做法，来表明他们间的关系，用以加强父母对孩子的权力感。

国外有许多学者试验着从领域的幅度和私有空间被侵犯时所作出的反应来分析判断一个人的个性。他们经过多个研究发现，被夸奖的人常常离夸奖自己的人很近，而被批评者则坐得远远的，其余的人坐在这两者之间，与夸奖人保持适当的距离。在相同的情况下，性格内向的以及焦虑不安的人也坐得比性格外向的人远些。

因此，如果你的下属抗拒与你合作，你不妨尝试友好地坐在他的身边，因为个人空间突然被侵占，他们常会在被入侵者逼得身体后退或者干脆离开之前，发出一连串的预备信号，诸如：摇摆身体、晃脚，或用脚不断地踏地。利用这段局促的时间，不妨说一下你真正的想法，表达一下你对对方的友好看法与希望。当然，并不鼓励你长时间留在对方的空间里，否则会让他感到不舒服，适度表达完后，应抽身离开，使他恢复到舒服的状态，留下空间等他消化。这样，有助于化解你们之间的矛盾，从而更好地开展工作。

## 7 营造私人空间可能缺乏安全感

一个英国人与一个阿拉伯人聊天，出于礼貌，英国人刻意与阿拉伯人隔开了一段距离，表示不侵犯对方的隐私。而同样是出于礼貌，阿拉伯人总是想靠近英国人，以表示热情和友好。于是，一个人不断退后，一个人不断前进，到他们谈话结束时，两个人已经从原来的地方移动了很远的距离。

这是讲述各国文化差异的一个经典笑话，从“移动谈话”的英国人和阿拉伯人身上，我们看到了各国对个人空间的不同需求。然而，即便是愿意和别人贴近的阿拉伯人也有自己的个人空间，到了他的私人空间的限度，他也会停下移动的脚步拒绝再前进。

这是为什么呢？这里所提及的私人空间的限度其实类似于动物界的领地意识。人类的领地意识比较古老，可以追溯到动物的领地意识。不同的是，动物的领地意识是一种本能行为。比如老虎，据动物学家研究发现，老虎的领地方圆数公里，任何擅自闯入这一范围的入侵者会很快遭受到来自领地主人的防御性攻击。大部分老虎伤人事件是由于人类误闯入了人家的私人领地而导致的。

与肉食动物相比较，一些食草动物，如麋、麝等的领地范围就要小一点，它们通常用自己的犄角摩擦树皮来标示自己的领地，或留下自己的分泌物，用区别于其他族群的异味来圈出别人决不可随意侵犯的“势力范围”，这种领地划分在动物界已成既定规则，即使是同类，见到这些领地记号也会自动避开。

“领地意识”其实就是动物对自己所选区域的食物和配偶的占有权。人的领地意识与此有共同之处，只不过人类是通过对公共领地，如狩猎地、海关、院子、围墙等来区分警示，国家的领地意识也是从个人空间逐步发展而来的。比如我们习惯使用国土分界线来划分国土，有些边境区域还会安排武装人员把守。而我们每个人都对自己的家园怀有一种忠诚感，在遭到侵略时会不惜浴血奋战。这是属于某个特定集体的公共空间。

与这些公共空间相比，私人空间的范围明显要小一些，比如在一些拥挤的场所，如人潮汹涌的商场，摩肩接踵的火车站、电影院、汽车里，甚至是拥挤的电梯里，每个人都有一个内心所能接受的亲密距离尺度。在公共空间，私人空间不可避免地要被他人入侵，而侵入者通常都是陌生人。

当个人空间被陌生人侵占，个人会很快做出防御的状态。与动物不同的是，人类不会很快对那个侵入者展开攻击，而首先选择对对方行为的躲避或者漠视来解决这种被侵犯的紧张感。比如我们在乘坐电梯时就不喜欢跟任何人说话，并且保持身体一动不动，眼睛一直盯着电梯层数的变化。如果前后左右的人过于贴近自己，你可能会选择支起手臂，用手指默默往外推挤对方，给予抗议，这是典型的人在自己的私人空间受到侵犯时的防御表现。

属于个人的私密空间，就像我们随身携带的大气泡，无形地环绕着我们的身体。我们不希望私人空间被侵犯，所以希望其他人能够跟自己保持适当的距离。不同的国家可能对私人空间大小的要求有所不同，情境再现中的英国人就比阿拉伯人要求得到更多的私人空间。

了解了这个常识，你首先应该关注那些时刻在你面前暗自用物品、动作、情绪等营造出私人空间的谈话者，如果你发现对方有这样的举动，那么可能是你让他感到紧张，或者你不由自主地跟对方过于亲近，乃至触及了他的心理空间底线，而他正在试图警告你。这种情况下，一定要及时抽身远离对方一些，让对方放松警惕，然后再慢慢继续接下来的内容。

你应该注意主动为所面对的对象营造一种令他感到自在、随意、放松的环境，不要太远，当然不要太近，千万别过于急切显示你的好感，先给他一定“空间自由”，要不了多久，他就会回馈给你更多的“交流自由”，这个时候再一鼓作气，努力达成你的目的简直就是轻而易举了。

## 8 空间选择透露人的本性

当一个人在陌生场合中选择使用空间时，比如选择电影院里的座位，开会时的座次等，一般人通常会在两个人之间找个位置。如果是在电影院里，当一排的两端都有人坐时，后到的人会坐在中间的位置。在健身房内，后到的人也会选择两条毛巾之间的位置来悬挂自己的毛巾，这样选择是为了避免距离太远或太近而冒犯他人。

电影院里或图书馆里，当有许多空位可供选择时，人们如果选择的位置紧挨着某一个人，会给对方造成一种压迫感。因为人们选择空间位置的惯性心理需求是和谐与安全。

明白和了解了人们在陌生场合空间位置选择的惯性心理需求，当你有与陌生人接触的意愿时，不妨选择靠近对方但同时又与他保持一定距离的位置坐下。让他感觉到你的友好，又不让他感到受到冒犯，这是奠定进一步接触的基础。

生活中，我们经常要约会，包括工作性质或求人办事等功利性目的的约会。单纯和一般同事、朋友在一起，吃饭聊天，大家的身份在这里都是平等的，没有求与被求之分，也没有高低贵贱之分，这样的活动不存在餐桌上座次礼仪的情况。那么，当你身处这种环境中时，你会选择在桌子周围的哪个位置坐下来呢？

观察人们选择位置的不同，可以判断出其性格的差异，大体可以分为四种类型。

第一种，坐在迎面居中位置。这种人生性积极，富有决断力，是领导型人才。需要叫酒水、点菜时，有些人总是推托给别人，相比较之下，这类人会很有主张地简单征询一下大家的意见，很快决定点什么菜。这类人具有较强的决断力和主动性，不过有时他们在一些场合会独断专行，顾及不到他人的想法，比较容易自作主张，有点儿粗心。

第二种，是选择坐在迎面稍偏位置的人。选择这个位置的人始终被一种或是一个和常人不同的人的意识所控制。他们通常好胜心强，受别人领导会感到很不情愿，希望自己成为某一个场合的中心人物，但自己又缺乏勇气去领导别人。在比较难处理的事情面前，当看到与自己水平相当的人受到上司青睐时，他们会有一种强烈的竞争念头。如果此类人是女性，一看到与自己容貌相当的女性，有男性去亲近时，就会马上产生一种不肯认输的妒意。这种类型的人，因为处处要表现出唯我独尊的态度来，很容易把同伴看做轻蔑的对象，因此，常会陷入孤独无伴的境地。

第三种，坐在两边的位置。他既不想成为团队的中心人物，也不会把自己贬值到最低的位置。任何时候，他们都能给自己准确定位，做到为人爽直，善解人意，不卑不亢，令周围的人都很喜欢自己。如果此类人是女性，也许她自己并不会察觉到，暗地里悄悄喜欢她的男性是相当多的；如果此类人是男性，则很容易受到领导的赏识与重用。

第四种，是选择坐在一角或背向位置的人。这类人平时总是不喜欢引人注目，而喜欢在幕后发挥各种能力，不论做任何事情总会尽其本分，有一种独善其身的风度，这类人无论男女，即使在谈恋爱，面对心上人时，也不会采取主动和积极的态度，把真心吐露出来。这种人的低姿态，区别于那种任何事情面前都窝窝囊囊的人。尽管有时他不表态，不等于他没有自己的主意，有时甚至比谁都看得更明白，别看他们的举动一般都比较被动，但有时也会做出大胆的举动来，使得周围的人大感意外。

空间语言之所以能给人以无声的心理暗示，有许多东西起源于人类进化过程中的礼仪习惯。譬如，自古以来，在人前常放低身体的高度是一种建立从属关系的态度表示，所以封建社会称皇帝为“皇上”。譬如，皇帝周围的人，在与主子对话时，开口之前先称自己是奴才、卑职等。在拜见皇帝时，女性多半会行屈膝礼，男性则是鞠躬脱帽下马，使得自己显得较为低下。在集会上，演说者常站在箱子之类具有高度的物体上，以显示自己有压倒一切的士气。

在现代交往中，握手的一刹那，有的伴随点头、身子前倾等肢体动作，给人的感觉往往是，动作幅度大的一方为相对弱势的一方，即使是平等关系，也可以判断出他此时是有求于人。在现代职场中，对于总是向上司卑躬屈膝的人，常被周围的人称呼为“舔鞋子的人”。

空间语言已经形成，可以说已经渗透到了每个人的心灵深处，不承认并不等于它不存在。要想使自己的处事本领如虎添翼，不可不研究空间语言，重视空间选择的暗示性作用。

# 后记

自然的演替与社会的发展造就了很多的说谎者，依据常规的语言判断最复杂的灵长类动物“人类”的心理活动，显然已经越来越不灵活实用。单凭人类越来越复杂的大脑，常规的语言判断就只能使信息辨别变得更加困难，因为人们越来越精通于语言这种工具的使用。“面不改色心不跳”的遮掩却将被那些精通微表情的高人嘲笑，因为他们掌握一些看穿心灵的技巧。

我们现在正处于一个信息高速膨胀、媒体高度发达的社会，上面那些技巧已不再是某些专家的秘密，更不是什么难得一见的绝学，只要我们足够仔细、足够灵活，每个人都可以借助这些技巧成为“微表情大师”，成为下一个“莱特曼”。

人类迄今为止已经在这个星球上生存了 450 万年，而我们这些当下还活着的人，也只不过在这个世界上存在了十几年、几十年而已。虽然，我们无法准确详细地展现这悠久历史中存在过的每一个表情和它们代表的每一种含义，但是本书所描述的这一切的确经过了很多人的考察和验证，还是足以为你讲清楚我们在生活中可能会遇到的表情、陷阱或者机会的。

当然，书中还有许多需要我们继续探讨的地方，但总体来说应该已经解决了你的很多实际问题。

# 主要参考书目


1. 亚伦 · 皮斯著 . 王甜甜，黄佼译 .《 身体语言密码 》. 中国城市出版社，2007 年

2. 纳瓦罗，波茵特著 . 于乐译 .《 FBI 教你破解身体语言 》. 中华工商联合出版社，2010 年

3. 彬子编著 .《 身体语言读心术 》. 哈尔滨出版社，2010 年

4. 付欣欣编著 .《 图解身体语言密码：3 秒洞察人心的智慧 》. 化学工业出版社，2011 年

5. 项贤兵编著 .《 看谁在说谎——身体语言密码高级解读手册 》. 朝华出版社，2009 年

6. 韩彪编著 .《 破解身体语言密码 》. 中国华侨出版社，2010 年

7. 高曼著 .《 身体语言密码 2.0：工作中的身体语言优势 》. 化学工业出版社，2010 年